Machtmissbrauch in Unternehmen
Jetzt reicht's!
166 Fälle mit Lösungsvorschlägen

Ein Buch aus dem Romeon Verlag

1. Auflage, erschienen 03-2018
Text: Bärbel Wedmann
Layout: Christoph Meyerhof
Umschlag & Druck: Romeon Verlag
ISBN: 978-3-96229-058-0
€ 19,90
www.romeon-verlag.de

Bibliografische Information der Deutschen Nationalbibliothek:
Die Deutsche Nationalbibliothek verzeichnet diese Publikation in der Deutschen Nationalbibliografie; detaillierte bibliografische Daten sind im Internet über http://dnb.dnb.de abrufbar.

Autorin: Bärbel Wedmann

Bärbel Wedmann, Fachinstitut für Management (FIM), Münster – www.fim-online.com

Inhaltsverzeichnis

Seite

Seite

Seite

Seite

Seite

Seite

Vorwort

Bei unserer täglichen Arbeit, bei den dabei natürlicher Weise auftretenden Schwierigkeiten und Spannungen ist es notwendig, dass man sich gegenseitig würdig begegnet und würdig miteinander umgeht. Würde zeigen als Vorgesetzter bedeutet: Sich nicht „gehen zu lassen“, nicht cholerisch, nicht wütend zu werden.
Würde gegenüber den Mitarbeiterinnen und Mitarbeitern bedeutet auch, dass man sich nicht in intime Dinge des Kollegen, des Mitarbeiters einmischen oder gar intervenieren sollte.

Es gibt Führungskräfte, die maßlos von sich überzeugt sind.
Sie können alles, wissen alles und sind absolut perfekt. Hier ziehen die Mitarbeiter gegenüber ihren Führungskräften immer den Kürzeren und diese Hierarchie lässt sich nur selten mit Worten einebnen. Diese Führungskräfte können Sie nur an der empfindlichsten Stelle treffen: der Eitelkeit.

Da „Sie“ die Grenze der Höflichkeit ziehen, müssen Sie klar, unmissverständlich und direkt reagieren. Begeben Sie sich „niemals“ auf das Niveau des Angreifers. Überhören Sie einfach, was Sie nicht hören möchten. Bleiben Sie standhaft, wenn Sie angegriffen werden. Dazu gehören eine sichere Stimme, ein fester Blick und eine offene Haltung.

Bleiben Sie gelassen, fragen Sie sich, an welchen wunden Punkten man Sie überhaupt treffen kann und setzen Sie sich mit diesem Thema auseinander. Das Ziel dieses Buches ist nicht, den anderen verbal niederzuknüppeln, sondern das Gespräch auf die sachliche Ebene zu ziehen.

Bei verbalen Attacken können Sie reagieren: mit einer Frage, mit Klarheit, mit Zustimmung, mit Witz und Humor. Es ist legitim, durch gezielte Retourkutschen Stärke zu zeigen. Ein „Volltreffer“ kann dabei das richtige Rezept sein, so dass der Angreifer aus „allen Wolken fällt“.

Sollte sich die angespannte Atmosphäre durch einen verbalen Schlagabtausch dauerhaft nicht verbessern, müssen Sie das Gespräch suchen.
Bleiben Sie sachlich – reagieren Sie souverän.

Bärbel Wedmann

*Mein besonderer Dank gilt **Christoph Meyerhof**, der mich seit ca. 10 Jahren auf meinem beruflichen Weg begleitet.*

Die neuen Führungskräfte

Im 21. Jahrhundert geht es darum, die tiefen Gräben aus der Steinzeit des Klassenkampfes vollends einzuebnen.
Dazu müssen die Manager aber einige Voraussetzungen mitbringen, an denen es heute den meisten von ihnen fehlt.
Um ein Verständnis für die Denkstrukturen und Verhaltensmuster ihrer Mitarbeiter zu entwickeln, sollten sie sich intensiv mit der Geschichte der Arbeiterbewegung auseinandersetzen.

In jungen Jahren sollten sie, wenigstens für einige Zeit, irgendwo in einer Fabrik, am Bau, in einem ordentlichen Handwerksbetrieb oder in der Gastronomie mit Handarbeit ihr Geld verdienen und später könnte ihnen ein paar Semester Psychologie schließlich auch nicht schaden.

Gefragt sind Chefs, die die Kommunikation suchen kraft ihrer Persönlichkeit Offenheit und Vertrauen wecken und selbst permanent Anstöße geben. Sie begreifen ihr Unternehmen als lebendigen Organismus, der nur funktionieren kann, wenn sich alle Aggregate gegenseitig positiv beeinflussen.

Dieser Typ verabschiedet sich von der heute noch vorherrschenden Weisungskultur, die an einer aktiven Mitgestaltung des Betriebsgeschehens durch die einzelnen Mitarbeiter keinerlei Interesse zeigt. Er zerstört die starren Ordnungssysteme, die das Kästchendenken schuf und vertraut auf die Selbstorganisation „mündiger" Mitarbeiter.

Der neue Manager sieht in seinen Mitarbeitern nicht unmündige, unwillige und unfähige Gehaltsempfänger, die mit Druck und Drohungen motiviert werden müssen, sondern Partner, auf deren Intelligenz und Kreativität er angewiesen ist. Er begegnet ihnen mit Achtung und Respekt und kümmert sich auch um ihr Wohlbefinden außerhalb des Betriebes.

Er ist eher Coach, Dompteur, er ist Trainer, Seelsorger und Anreger hoch motivierter Mitarbeiter. Seine Macht basiert nicht auf der Befugnis zur Beförderung und Entlassung, sondern auf seiner Kompetenz und Persönlichkeit.

Günter Ogger
Wirtschaftsjournalist und Autor

Die Mitarbeiter sind der wichtigste Firmenwert

Wir fragen uns nach Begegnungen mit Führungskräften, wie diese Personen in solch hohe Positionen gekommen sind.
Wir brauchen den gesamt geformten Menschen und der geht aus unseren Betrieben nicht hervor. Dazu sind unsere Regeln zu einseitig, und sie setzen auch zu spät ein.
Was Hänschen nicht lernt, lernt Hans nimmermehr.

Unsere konkrete Aufgabenstellung in der Wirtschaft führt zur Spezialisierung. Aber Spezialisten allein werden die Fragen der Zukunft nicht lösen.

Nach unserer Erfahrung kommt auch heute noch im Erziehungs- und Bildungsprozess den Vorbildern erhebliche Bedeutung zu. Werte werden durch Vorbilder vermittelt - so sollte es wenigstens sein. Das fängt bei den Eltern an, später übernehmen Vorgesetzte diese Rolle. Das gilt für die unmittelbaren Chefs, aber auch für die Personen an der Spitze von Unternehmen.

Erst Erziehung und Ausbildung in Verbindung mit umfassender Bildung schafft das wirkliche Kapital unserer Gesellschaft.

Da der Dreiklang von Erziehung, Bildung und Ausbildung jedoch vernachlässigt wird, decken sich Angebot und Nachfrage am Arbeitsmarkt bezüglich der Qualität nicht mehr.

Fragen Sie einmal bei Meisterbetrieben im Handwerk nach. Es ist zwar eine Stelle frei, aber der Meister sieht sich den Bewerber an, der zwei Ringe in der Nase hat, mit ungewaschenen Haaren herumläuft und sich auch noch flegelhaft benimmt. Von der Kommunikation ganz zu schweigen. Also wird er nicht eingestellt.

Achtzig Prozent aller Probleme und Fragen eines Unternehmens sind „Menschenfragen“. Der Rest entfällt auf Technik oder Finanzen.

Interview mit Eberhard von Kuenheim, ehem. Vorstandsvorsitzender BMW

Kennen Sie Ihren Vorgesetzten - kennen Sie sich?

Die tägliche intensive Zusammenarbeit zwischen Mitarbeiter und Vorgesetztem gestaltet sich einfacher und intensiver, zielgerichteter und erfolgreicher, wenn der Mitarbeiter seinen Teampartner wirklich kennt. Kennen bedeutet hier das bewusste Einplanen von Stärken und Schwächen, verschiedenen persönlichen Faktoren und Arbeits- oder Denkweisen. Gleiches gilt für Sie selbst: Je eher ein Mitarbeiter in der Lage ist, seine persönlichen Charakteristika zu steuern oder zu nutzen, umso eher wird es ihm gelingen, die Zusammenarbeit zu optimieren.

Wie denkt Ihr Chef?

Der nachstehende Fragenkatalog unterstützt Sie dabei, zusätzlich zur genauen Kenntnis der Aufgaben und Verantwortungsbereiche Ihres Chefs Kenntnis zu gewinnen über die Persönlichkeit des Menschen, dem Sie kompetent und erfolgreich assistieren:

- Was sind die wichtigsten Ziele Ihres Vorgesetzten?
- Wie unterstützen Sie ihn dabei, diese zu verwirklichen?
- Wofür wird er belohnt?
- Was für ein Mensch ist sein Chef wiederum?
- Neigt er dazu, alles offen auszusprechen oder eher dazu, Informationen zu verschweigen?
- Welchem Druck ist er ausgesetzt?
- Wer sind seine Verbündeten?

- Wer sind seine Gegner?
- Was mögen Sie am meisten an seiner Person?
- Was mögen Sie am wenigsten an ihm?
- Wie könnte er Sie dabei unterstützen, mehr zu leisten?
- Wie könnte er Ihre Arbeit befriedigender gestalten?
- Gibt er Verantwortung lieber ab, oder muss er überall mitmischen?
- Verkehrt er über Angelegenheiten schriftlich, oder zieht er das
Gespräch vor?
- Fühlt er sich nur in Konflikten wohl, oder hat er einen kooperativen Führungsstil? Zu welcher Tageszeit ist er in Bestform?
- Was beherrscht er am besten?
- Was bedarf bei seiner Arbeit am ehesten der Verbesserung?
- Welche Tätigkeiten mag er überhaupt nicht?
- Wie gut kann er mit Stress umgehen?
- Erledigt er Arbeiten immer der Reihe nach, oder packt er mal hier oder mal dort an?
- Leistet er mehr bei der Arbeit im übergeordneten Zusammenhang oder bei der Detailarbeit?

- Wie alt ist er?
- Welchen Bildungshintergrund hat er? Was sind seine Berufserfahrungen?
- Wie sieht sein Familienleben aus?
- Hat er außerhalb der Arbeit irgendwelche Probleme, die Ihnen bekannt sind?
- Welche Hobbys hat er?
- Ist er eher vertrauensvoll oder eher misstrauisch?
- In welcher Umgebung ist er aufgewachsen?
- Hat er irgendwelche Marotten oder Eigenarten?

Praxis-Tipp:

Wahrscheinlich werden Sie nicht alle Fragen beantworten können.
Sie sollten dann nicht zu neugierig sein. Wichtig ist es, sich ein Bild machen zu können aus Ihrem Erfahrungsschatz der Zusammenarbeit. Gleichzeitig schaffen Sie sich ein Bewusstsein für Ihr zukünftiges berufliches Miteinander.

Wie denken Sie selbst?

- Was erwarten Sie von Ihrer Arbeit?
- Was sind Ihre wichtigsten Ziele?
- Wie unterstützt Ihr Chef Sie dabei, diese zu verwirklichen?
- Welchem Druck durch Termine und Konflikte sind Sie ausgesetzt?
- Welche Arbeiten beherrschen Sie am besten?
- Wo sind Ihre Leistungen am schwächsten?
- Welche Arbeiten mögen Sie am meisten?
- Welche Arbeiten mögen Sie am wenigsten?
- Neigen Sie dazu, über Ihre Anliegen zu sprechen oder eher dazu, Informationen für sich zu behalten?
- Sind Sie vormittags oder nachmittags am leistungsfähigsten?
- Fühlen Sie sich in Konflikten und Auseinandersetzungen wohl, oder scheuen Sie davor zurück?
- Verkehren Sie über Angelegenheiten schriftlich, oder ziehen Sie das Gespräch vor?
- Welche Unterschiede zu Ihrem Chef gibt es hinsichtlich des Alters, der Berufsausbildung und der Berufserfahrung?

- Wie unterscheiden sich Ihre Kindheit und Ihr familiärer Hintergrund von dem Ihres Chefs?
- Arbeiten Sie gerne jeweils nur an einem Projekt oder lieber an mehreren gleichzeitig?
- Leisten Sie mehr bei der Arbeit im übergeordneten Zusammenhang oder bei der Detailarbeit?
- Wie unterscheidet sich Ihr Freizeitleben von dem Ihres Chefs?
- Arbeiten Sie gerne unter strenger Aufsicht oder lieber unter eigener Verantwortung?
- Sind Sie ein „Schnellstarter", oder brauchen Sie jemanden, der Sie in Schwung bringt?
- Brauchen Sie häufiges Feedback, oder reichen regelmäßige Besprechungen aus?
- Haben Sie irgendwelche Marotten und Eigenarten, die andere vielleicht nur schwer verstehen können?
- Welche Arbeiten schieben Sie gerne auf?

Ihr Chef und Sie selbst

Wenn Sie die vorherigen Fragen beantwortet haben, gehen Sie sie nochmals durch, und schreiben Sie ausschließlich die Antworten zu diesen Fragen auf:

- Welches sind die drei größten Stärken Ihres Chefs?
- Welches sind die drei größten Schwachpunkte?
- Welches sind Ihre drei größten Stärken?
- Welches sind Ihre drei größten Schwachpunkte?
- Bei welchen Angelegenheiten arbeiten Sie am besten mit Ihrem Chef zusammen?
- Wo haben Sie die größten Konflikte mit Ihrem Chef; wo stimmen Sie am wenigsten mit ihm überein?
- Was halten Sie für den größten Schwachpunkt in der Beziehung zu Ihrem Chef?

Die souveräne Führungskraft in Ausstrahlung und Überzeugung

Souveräne Führungspersönlichkeit zeichnet sich primär nicht durch überlegenes Wissen aus, sondern durch Eigenschaften wie

- Ausstrahlung,
- Überzeugungskraft,
- Begeisterungsfähigkeit.

Benötigt werden dazu:

- Wissen um taktische und psychologische Zusammenhänge
- und Übung, Übung, Übung

Chefs müssen täglich:

- delegieren
- motivieren
- präsentieren
- informieren
- moderieren
- Konflikte lösen etc.

Das Erreichen der Ziele hängt davon ab, ob Ihr Chef seine Ideen mit positiver Emotion überzeugend verkaufen kann.

Emotionstransfer als Kriterium für die Beurteilung unserer Persönlichkeit

Neben Ihrer Sach- und Fachkenntnis sind es vor allem Ihre persönlichen Wirkungsmittel, mit denen Sie überzeugen. Diese sind:

- Erscheinungsbild (Aussehen, Kleidung)
- Körperhaltung
- Gestik
- Mimik
- Blickkontakt
- Sprechgewandtheit
- Persönlicher Sprechstil
- Situative Sprechweise
- Interessante Einleitung, fesselnder Schluss
- Art der Begrüßung

„Sprich, damit ich dich sehe.“

Aristoteles

Ihre Ausstrahlung und Ihre Überzeugungskraft hängen ab von:

- Selbstbejahung
- Authentizität
- Identifikation mit dem Thema (Aufgabe) und den Zuhörern
- Engagement und Emotionalität
- Spontanität und Kreativität

Konfliktsituationen

Konflikte im Berufsleben entstehen nicht ohne Grund, meist aber unbewusst. Eine Methode, um den verborgenen Gründen von Kommunikationsproblemen auf die Schliche zu kommen, ist die sogenannte ***Transaktionsanalyse von Eric Berne***. Ein System von Analysemethoden, die Persönlichkeit, Beziehungen und Kommunikation unter die Lupe nehmen.
Die Gehirnforschung und Psychologie gehen davon aus, dass wir Menschen in unserem Gehirn drei Speicher haben, die unser Verhalten – und vor allem auch unser Gesprächsverhalten – nachdrücklich beeinflussen und steuern. Diese drei Speicher beeinflussen unsere Stimmungen und Zustände, die „Ich-Zustände" in Stresssituationen:

Eltern-Ich	**Erwachsenen-Ich**	**Kindheits-Ich**
Von den Eltern übernommenes Denken + Handeln	Situationsbedingtes Denken + Handeln W-Fragen	In der Kindheit gelerntes Verhalten

Eltern-Ich: Bis zum 5. oder 6. Lebensjahr speichert das Kind äußere Reize von Erwachsenen – überwiegend von Mutter und Vater. Diese Informationen werden im Eltern-Ich-Speicher als absolute Wahrheit aufgenommen und für das ganze Leben unlöschbar gespeichert. Im Gespräch sollten Sie vorsichtig mit dem gehobenen Zeigefinger des Eltern-Ich umgehen.

Kindheits-Ich: Im Kindheits-Ich als Teil des Gehirns sind alle positiven und negativen Gefühle gespeichert Es entwickelt sich von Geburt an. Irgendwann im 5. bis 6. Lebensjahr ist dann der „Gefühlsspeicher" voll. Im Rahmen von Gesprächen hat das Kindheits-Ich wenig zu suchen. Sie haben Ihre Gefühle zu zügeln.

Gesprächsführung

Die vier möglichen Grundeinstellungen im Gespräch sind in dem Schema widergespiegelt, wie ein Mensch sich selbst und andere sieht:

1. Ich bin nicht o.k. - Du bist o.k.

2. Ich bin nicht o.k. - Du bist auch nicht o.k.

3. Ich bin o.k. - Du bist nicht o.k.

4. Ich bin o.k. - Du bist o.k.

Die Grundeinstellungen 1. - 3. werden in der frühen Kindheit geprägt und bestimmen den Menschen für sein ganzes Leben.

Die Grundeinstellung 4. kann erst im Erwachsenenalter durch bewusste Entscheidungen wachsen.

Chef-Typologie

So werden Sie von Ihrem Chef behandelt

Streng

Hat er Sie schon einmal gelobt? Wahrscheinlich kaum. Scharfe Kritik gehört bei ihm zum guten Umgangston, frei nach dem Motto: „Ich bringe hier schon Disziplin herein."

Vorsichtig

Bei ihm ist alles, was Sie machen, „ganz o. k.". Deutliche Worte hören Sie von ihm selten, denn die scheut er ebenso wie extreme Bewertungen.

Pedantisch

Er findet immer ein Haar in der Suppe. Meistens nimmt er Ihre Arbeit Stück für Stück auseinander, um Sie letztlich doch wegen unbedeutender Kleinigkeiten abzulehnen – und Sie dürfen wieder von vorne anfangen.

Großzügig

Von ihm hören Sie nie Negatives. Dafür jongliert er mit Bewertungen, von „richtig gut" über „echt perfekt" zu „ziemlich gelungen". Ist er wirklich einfühlsam und ein wahrer Vertreter konstruktiver Kritik oder will er es sich bloß mit niemandem verderben?

Ideal?

Gibt er seine eigenen Schwachpunkte zu und lobt gleichzeitig Ihre Stärken? Haben Sie den Eindruck, dass er seine Beurteilungen reflektiert? Und sind Sie nach seiner Kritik wirklich schlauer als vorher?
Dann sind Sie ein Glückskind!

Dieser Typ steckt dahinter

Der Patriarch

Hervorzuheben ist seine Geradlinigkeit. Er wird Sie gerecht behandeln, wenn Sie einer eher traditionellen Moralvorstellung entsprechen.
Seine Gefühle hat er immer unter Kontrolle, könnte aber unsachlich werden, wenn Sie ihn zu deutlich kritisieren. Er verträgt nämlich gar nicht, wenn seine Autorität in Frage gestellt wird.

Bleiben Sie unbedingt loyal und verzweifeln Sie nicht an seiner geringen Flexibilität! Wenn es hart auf hart kommt, bleibt auf ihn Verlass - eine starke Schulter zum Anlehnen.

Dieser Typ steckt dahinter

Der Väterliche

Schwieriger Typ! Zwar kümmert er sich gerne um Sie und Ihre Probleme und neigt dazu, seine eigenen dabei völlig zu vergessen. Aber auf Dauer erwartet er doch, dass Sie genau so fürsorglich zu ihm sind.

Wie Sie aber nun auf ihn eingehen sollen, bleibt knifflig - denn von sich selbst erzählt hat er bisher kaum.

Bewahren Sie sich Ihre Unabhängigkeit, indem Sie ihm zeigen, dass Sie seine Hilfe zwar schätzen, aber auch gut allein klarkommen. Nur so können Sie verhindern, dass er Sie völlig für sich in Anspruch nimmt.

Dieser Typ steckt dahinter

Der Manager

Ein echter „Winner"-Typ. Sie werden ihn meistens zufrieden erleben, da er tagtäglich Erfolge verbuchen kann. Für ein Unternehmen aufgrund seiner Effizienz ein absolutes Muss! Er schafft, was er sich vornimmt und wenn Sie ihn dabei tatkräftig unterstützen, stehen Sie bei ihm hoch im Kurs.

Er arbeitet gerne mit einem Team, wobei er aber am besten weiß, wo es langgeht. Schmieren Sie ihm keinen Honig um den Bart, seine kontinuierlichen Erfolgserlebnisse sind ihm Beweis und Lob genug für seine Eitelkeit.

Dieser Typ steckt dahinter

Der Sensible

Empfindsam, aber sehr ideenreich! Und dabei müssen Sie ihn unterstützen und bestätigen. Dieser kreative Typ braucht jemanden, der Stimmungswechsel genauso schnell spürt wie er selbst.

Sie müssen dafür sorgen, dass er nicht an seinen Selbstzweifeln zerbricht, gleichzeitig behutsam mit Kritik umgehen und ihn in der richtigen Dosierung bemitleiden. Dann können Sie mit ihm ideal zusammenarbeiten und werden merken, dass Sie unentbehrlich für ihn sind.

Dieser Typ steckt dahinter

Der Intellektuelle

Lassen Sie sich von seiner kühlen Art nicht beeindrucken! Wenn Sie intelligent und flexibel sind, wird er Sie sehr schätzen, auch wenn er es nicht unbedingt zeigt.

Zugegeben, er stellt hohe Ansprüche. Sie haben jedoch gewonnen, wenn Sie schnell begreifen, was er meint und es dann noch umsetzen können. Meistens bleibt er im Kollegenkreis außen vor und gibt sich distanziert. Emotionen jeglicher Art verunsichern ihn. Er zieht seine Stärke aus seiner geistigen Leistung. Entweder Sie können diesen Typ verstehen oder Sie fühlen sich in seiner Gegenwart ständig unbehaglich – dazwischen gibt es nichts.

Dieser Typ steckt dahinter

Der Skeptiker

Äußerlich loyal und obrigkeitsgläubig - und das erwartet er auch von ihnen! Schwierig wird es allerdings seine Stimmungen zu ertragen: Jetzt fröhlich, gleich aggressiv. Das liegt an seinem Misstrauen allem und jedem gegenüber. Die Entscheidungen treffen im Grunde Sie, wenn Sie seine regelmäßigen Fragen: „Oder sollen wir es doch anders machen?“ richtig beantworten. Sollten Sie falsch liegen, ergreifen Sie besser sie Flucht!

Geeignet für diesen Typ sind Sie, wenn Sie sich in Gesprächen spontan auf ihn einstellen können und sich bloß nicht verunsichern lassen.

Dieser Typ steckt dahinter

Der Herr im Haus

Bei seinem starken Charakter haben Sie keine Wahl: Sie müssen vollen Einsatz bringen; Engagement und Leistung sind seine Lieblingswörter.

Er kennt seine Mitarbeiter und sorgt dafür, dass man ihnen nicht zu nahekommt. Dabei geht er aber auch gelegentlich über Leichen. Wenn man ihm Steine in den Weg legt, fühlt er sich erst recht herausgefordert. Mit seiner Selbstsicherheit und seiner Kämpfernatur setzt er sich überall durch und ist nicht selten als Diktator verschrien.

Wenn Sie damit Probleme haben, suchen Sie sich einen anderen Chef-Typ, denn er wird nicht auf Ihre Empfindsamkeit Rücksicht nehmen.

Dieser Typ steckt dahinter

Der Fantast

Er wird zwar auf eventuelle Weinkrämpfe Ihrerseits eingehen, Ihre Probleme jedoch verharmlosen. Harmoniesüchtig wie er ist, bezieht er höchst selten Stellung und hat Angst davor, eine konstante Linie durchzuziehen.

Er wird Sie immer zuvorkommend behandeln, freundlich und geduldig sein, wenn Sie für ihn in die Bresche springen - währenddessen kann er seinen Hirngespinsten nachgehen.

Lassen Sie ihn einfach in Ruhe, letztlich wird sich doch herausstellen, dass er als Chef nicht besonders geeignet ist, da er kaum Führungsqualitäten
besitzt.

Dieser Typ steckt dahinter

Der Überflieger

Dieser Typ nimmt Sie mit seiner gewinnenden Art sofort für sich ein.
Er hat tausend Ideen und Projekte, die er aber auch in die Tat umsetzt.
Er ist amüsant und gebildet, kann aber auch eine ironische, wenn nicht sogar zynische Art an den Tag legen.

Mit ihm zu arbeiten wird niemals langweilig und auf jeden Fall bereichernd, wenn Sie denn mit seinem Schnellzugtempo mithalten können und immer wieder Ordnung in das Chaos bringen, wobei Ihr Arbeitspensum ohne weiteres immense Formen annehmen kann.

Dieser Typ steckt dahinter

Der Ausnutzer

Er spornt Sie an, holt das Letzte aus Ihnen heraus und wenn es um die eigenen Lorbeeren geht, vergisst er Sie völlig.

Mit diesem Chef-Typ kann man an sich gut zusammenarbeiten. Nur wenn Sie für Ihre eigenen Leistungen eine gerechte Behandlung und Würdigung erwarten, liegen Sie bei ihm völlig falsch.

Er ist sehr ehrgeizig. Sein persönliches, berufliches Fortkommen ist ihm am wichtigsten. Wenn Sie Glück haben, können Sie in seinem Fahrwasser mitschwimmen.

Chef-Typologie in der Kommunikation

Der Positive

Er verfolgt die Diskussion aufmerksam und wirkt interessiert und aktiv mit.

Chef-Typologie in der Kommunikation

Der Star

Er will sich und seine Person in den Vordergrund spielen und glänzen, ohne wesentliches beitragen zu können. Egozentrisch.

Chef-Typologie in der Kommunikation

Der Redselige

Er hat oft keine Meinung und schließt sich gern dem Vorredner an.
Sicher hat er zur Thematik nicht viel zu sagen, spricht jedoch ausgiebig, um sich „freizusprechen“.

Chef -Typologie in der Kommunikation

Der Alles- und Besserwisser

Nur seine Meinung gilt und ist richtig. Er kritisiert alles und jeden und lässt sich nur schwer in die Schranken weisen.

Chef -Typologie in der Kommunikation

Der Schweigsame

Oft introvertiert. Folgt der Diskussion aufmerksam, denkt mit, meldet sich jedoch nicht selbst zu Wort.

Chef-Typologie in der Kommunikation

Der Schüchterne

Ihm fehlt es an dem nötigen Selbstbewusstsein.
Unsicher, insgesamt sehr zurückhaltend, leicht zu irritieren.

Chef-Typologie in der Kommunikation

Der Listige

Er stellt bewusst schwierige Fragen. Verknüpft oft gegensätzliche Gedanken miteinander und versucht dadurch, den Besprechungsführer in eine Falle zu locken. Er freut sich darüber, wenn es ihm gelingt, andere Teilnehmer dazu zu bringen, affektiv zu reagieren.

Der Unkollegiale und Streitsüchtige

Provoziert gern. Er wartet auf Unvorsichtigkeit oder Schwächen bzw. Wissenslücken. Sträubt sich oft gegen Neuerungen, da ihm das Umlernen und Anpassen Schwierigkeiten bereitet. Außerdem verwendet er häufig „Killerphrasen".

Jetzt reicht's!
Stärke zeigen – sachlich bleiben – souverän reagieren

Ungerechte Arbeitsverteilung, häufige Kritik, ausbleibende Anerkennung, übermäßige Kontrollen und einen „rüden" Umgangston der Vorgesetzten bemängeln Mitarbeiter in den Betrieben.

Erscheinen viele der Führungskräfte noch immer als ein Verein ungehobelter Befehlserteiler, die gar nicht wissen, was die ihnen anvertrauten Mitarbeiter brauchen und was sie vermissen?

Wer verträgt schon die Wahrheit, wenn man sich eingestehen muss, dass die hier gemachten Aussagen der Realität entsprechen.

Liebe Chefinnen, liebe Chefs, wenn die hier gemachten Aussagen nicht auf Sie zutreffen, so kann ich Sie als Chefin oder Chef nur beglückwünschen und Ihren Mitarbeitern gratulieren.

Auf den nächsten Seiten lesen Sie wahre Begebenheiten, die im Berufsalltag von Mitarbeitern erlebt werden.

Die Geschichten sind nicht frei erfunden, sondern Tatsachen, die hier im Originalwortlaut zu lesen sind.

Hinweis:
Die Lösungsvorschläge zu den Praxisfällen sollen Ihnen helfen, Ihr Gesicht zu wahren, Grenzen zu ziehen und Ihre Souveränität zurück zu gewinnen. Begeben Sie sich dabei „niemals" auf das Niveau des Angreifers.

1. Das ist ein Befehl!

Der Chef hat Besuch eines Geschäftsfreundes.

Er bittet seine Sekretärin über die Sprechanlage zu sich ins Büro: „Bitte kopieren Sie diese Unterlagen zweimal.“

Im Beisein des Besuchers fordert er seine Mitarbeiterin auf: „Wiederholen Sie das, was ich Ihnen gerade gesagt habe!“

Die Sekretärin entgegnet: „Ich habe Sie gut verstanden.“

Daraufhin der Chef in Anwesenheit seines Geschäftsfreundes: „Wiederholen Sie das bitte sofort, das ist ein Befehl!“

Reagieren Sie souverän:

- „Soll ich auch noch Haltung annehmen und militärisch grüßen?“

- „Denken Sie, dass sich Ihre „Militärsprache“ auf das Baugewerbe übertragen lässt?“

- „Kann es sein, dass Sie das Büro mit dem Kasernenhof verwechseln?“

2. Denken Sie nicht, sondern sprechen Sie!

Der Bankvorstand zu einer kreativen Mitarbeiterin: „Es wird Zeit, dass Sie aufhören zu denken. Denken Sie nicht, sondern sprechen Sie!"

Reagieren Sie souverän:

- „Was möchten Sie denn hören?"
- „Soll ich daraus schließen, dass Ihnen unüberlegte Aussagen lieber wären?"
- „Ich trage die Verantwortung für das, was ich sage."

3. Der Bankvorstand ohne Schuhe

Die erste morgendliche Amtshandlung des Bankvorstandes ist, seine Schuhe auszuziehen, diese neben dem Schreibtisch zu deponieren und seine engsten Mitarbeiter aus den sich seinem Chefzimmer anschließenden Büros brüllend herbeizuzitieren, wie zum Beispiel: „Huber!“

Reagieren Sie souverän:

- „Mich macht Ihr Verhalten, in Strümpfen hier zu sitzen, betroffen, weil es gar nicht zu Ihren sonstigen Gewohnheiten passt.“
- „Benötigen Sie medizinische Hilfe?“
- „Haben Sie sich Ihre Schuhe zu klein gekauft?“

4. Das berühmte „Du“

Der erste Arbeitstag der neuen Mitarbeiterin einer Bank.

Der Leiter der Kreditabteilung im Einführungsgespräch:
„Sie können mich ruhig mit „Du“ ansprechen. Bei mir ist das so üblich.“

Reagieren Sie souverän:

- „Im Rahmen des Arbeitsverhältnisses möchte ich gerne beim „Sie“ bleiben.“
- „Glauben Sie, dass wir uns dafür gut genug kennen?“
- „Entschuldigung, ich möchte das nicht so gerne. Bisher bin ich mit dem „Sie“ sehr gut in meinem Berufsleben zurechtgekommen.“

5. After work party

Der Leiter einer Kreditabteilung zu seiner neuen Mitarbeiterin:

„Wir fahren jeden Donnerstag nach Dienstschluss in Richtung Österreich. Da lassen wir die „Sau raus“. Wollen Sie mitkommen?“

Reagieren Sie souverän:

- „Herr…, ich habe täglich familiäre Verpflichtungen. Ihre Einladung muss ich leider absagen.“

- „Auf unserem Hof bleibt abends die Sau im Stall!

- „Darf ich auch meinen Mann mitnehmen?“

6. Wer sind Sie denn?

Eine junge Auszubildende in einer Bank.

Der Bankdirektor trifft sie nach einem halben Jahr Probezeit im Aufzug.
„Wer sind denn Sie? Arbeiten Sie hier?“

Reagieren Sie souverän:

- „Ich bin die zukünftige Bankdirektorin.“

- „Es macht mich betroffen, dass Sie Ihre Mitarbeiter nicht kennen.“

- „Ich bin…! Sind Ihnen meine überdurchschnittlichen Leistungen bis heute nicht aufgefallen?“

7. Bankvorstand: 55 Jahre

Die Auszubildende wird von der Assistentin beauftragt, eine „Brotzeit“ zu holen.

Sie findet weder die Assistentin noch den Vorstand vor, um die bestellten Dinge abzugeben.

So bringt sie alles in die angrenzende Küche.

Dort trifft sie die Chefsekretärin und den Bankdirektor beim „Tête-à-Tête“ am Kühlschrank.

Reagieren Sie souverän:

- „Wer darf denn zuerst den Kühlschrank öffnen?“
- „Das ist ja schön, dass ich Sie hier finde. Das erspart mir einen Weg.“
- „Benötigen Sie ausgerechnet jetzt eine Abkühlung?“

8. Aussage eines Unternehmers

Aussage eines Unternehmers:
„Wenn die deutschen Ingenieure nicht spuren, nehme ich osteuropäische Ingenieure. Die sind billig und willig.“

Reagieren Sie souverän:

- „Möchten Sie Leistung oder Pflichterfüllung?“
- „Glauben Sie, dass unsere Ingenieure den Anforderungen nicht gewachsen sind?“
- „Multikulturell ist sicher vieles möglich. Preis und Qualität sollten aber sorgsam verglichen werden.“

9. Happy Birthday…

In einem mittelständischen Unternehmen ist es üblich, zum Geburtstag ein Frühstück zu spendieren.

So auch an diesem Tag, im Sekretariat des technischen Direktors.

Dieser wendet sich während des Frühstücks an seine langjährige Assistentin, die mit vollem Mund angeregt diskutiert. In Anwesenheit der Gäste äußert er plötzlich lautstark: „Na, Frau…, wie spricht es sich mit 2 x 50 g Wurst im Mund?"

Reagieren Sie souverän:

- „Die hier Anwesenden haben Sie ganz schön mutig gemacht."
- „Ausgezeichnet! Ich genieße gerade 100 Gramm."
- „Kann es sein, dass Sie das Glas Champagner außer Kontrolle geraten lässt?"

10. Die Wolldecke

Mittagspause in einer kleinen Firma.

Da sich keine Kantine oder ein Pausenraum in der Nähe befindet und die Sekretärin unter Leistungsdruck steht, nimmt sie ihre Mittagessen am Schreibtisch ein.

Sie beißt gerade in ihr Brötchen, als der Chef sich telefonisch meldet.

Die Sekretärin schluckt den Bissen hinunter, bevor sie ihrem Chef antwortet und entschuldigt sich vorsichtshalber bei ihm.

Dieser entgegnet: „Frau…, nehmen Sie bitte die Wolldecke aus dem Mund, bevor Sie mit mir sprechen.“

Reagieren Sie souverän:

- „Darf ich Ihnen auch ein Stück von der Wolldecke anbieten?“

- „Um diesem Leistungsdruck Stand zu halten, benötige ich Energie.“

- „Fährt Ihr neuer Wagen auch ohne Benzin?“

11. Die passt nicht zu uns

Die Kandidatin hat die erste Hürde im Vorstellungsgespräch mit dem Personalleiter und einem Abteilungsleiter mit Bravour genommen.
Wenige Tage später erhält sie eine erneute Einladung.

In der zweiten Runde wird der zukünftige Chef zum Gespräch hinzugebeten.

Dieser betritt das Zimmer. Dabei begrüßt er die Kandidatin nicht persönlich. Er setzt sich in die Gesprächsrunde, kehrt der Dame den Rücken zu und äußert: „Die da können wir doch gar nicht gebrauchen. „Die" passt doch gar nicht zu uns."

Reagieren Sie souverän:

- „Da wir uns alle im gleichen Raum befinden, gehe ich davon aus, dass „ich" der Gegenstand Ihrer Unterhaltung bin."

- „Die Hauptsache ist doch, dass „ich" nicht passend gemacht werde."

- „Was macht Sie hinsichtlich meines Verkaufswertes so sicher?"

12. Beim Chef auf dem Schoß?

Der Vorgesetzte des Chefs besucht diesen in seinem Büro.

Er schließt hinter sich die Tür.

Die Sekretärin möchte eine soeben eingegangene dringende Nachricht an ihren Chef weitergeben. Sie muss ihn daher in seinem Büro stören.

Sie klopft höflich an seine Tür, wie es mit ihrem Vorgesetzten vereinbart wurde und betritt das Chefzimmer.

Daraufhin der Vorgesetzte des Chefs: „Frau…, Sie brauchen nicht anzuklopfen oder glauben Sie, ich sitze bei Ihrem Chef auf dem Schoß?"

Reagieren Sie souverän:

- „Das habe ich nicht erwartet, aber das Anklopfen resultiert aus einer Vereinbarung, an die ich mich gebunden fühle."
- „Das kann ich mir eigentlich nicht vorstellen."
- „Nein, aber vielleicht mein Chef bei Ihnen."

13. Die nonverbale Kommunikation

Es findet eine Besprechung im größeren Kreis statt.

Einen der anwesenden Herren scheint die Besprechung nicht sonderlich zu interessieren.

Er beschäftigt sich lieber mit dem Innenleben seiner Nase.

Nach einigen Mühen hellt sich sein Gesicht auf, denn er ist fündig geworden. Seine „Ausbeute“ rollt er mit den Fingerspitzen und schießt sie quer durch das Besprechungszimmer.

Reagieren Sie souverän:

- „Wenn Sie Ihre Nase nicht im Griff haben, wie wollen Sie später das gesamte Unternehmen im Griff haben?“

- „Ist „das“ das Letzte, was man aus Ihnen herausholen kann?“

- „Ist „das“ unsere gelebte Unternehmensphilosophie?“

14. Der neue Tarzan

Der neue Geschäftsführer eines mittelständischen Unternehmens in Ostdeutschland erwartet von seinen Mitarbeiterinnen und Mitarbeitern gute Umgangsformen.

Er selbst ist sich seiner Vorbildfunktion offensichtlich nicht bewusst.

Seine neue Sekretärin muss sich an den Anblick und an den Zustand erst gewöhnen, wenn er, seine Beine auf dem Schreibtisch liegend, mehrmals täglich von sich gibt: “Ihr gehört ja alle auf die Bäume, ihr Affen.“

Reagieren Sie souverän:

- „Schade, dass man von Ihnen keine Umgangsformen erwarten kann.“
- „Ist Ihr Verhalten denn vorbildlich?“
- „Vielleicht sollten Sie einmal über Ihren persönlichen Stil nachdenken.“

15. Der einsame Chef

Der neue Chef lädt seine Mitarbeiterin zum Abendessen in ein Restaurant ein.

Die beiden sitzen sich gegenüber. Die Mitarbeiterin erhält vom Oberkellner die Speisekarte. Der Chef: „Suchen Sie sich heute etwas Schönes aus."

Der Chef möchte den Abend mit seiner neuen Mitarbeiterin verbringen, weil er sich alleine fühlt und weil sein Zuhause in einer anderen Stadt ist.

Sichtlich überfordert wälzt sie die Speisekarte und wartet auf ein Zeichen ihres Chefs, weil sie ihn finanziell nicht überfordern möchte.

.

Doch dieser fragt sie: „Wie lange haben Sie heute Abend Zeit für mich?"

Reagieren Sie souverän:

- „Meine Zeit ist sehr begrenzt. Für 22.00 Uhr habe ich mir ein Taxi bestellt."

- „Mein Mann erwartet mich gegen 22.00 Uhr."

- „Spätestens um 22.00 Uhr muss ich Sie verlassen."

16. Ein seltsamer Hotelgast

Nach einem 2-tägigen Seminar für die Hotelmitarbeiter erholt sich die Trainerin bei einer Tasse Kaffee in der Bar des Hotels.

Sie unterhält sich mit dem Hoteldirektor über die Zukunft seiner Mitarbeiter. Das Gespräch wird unterbrochen, weil dieser an die Rezeption gebeten wird.

In der Zwischenzeit erscheint bei der Dame ein Hotelpage mit der Nachricht, dass ein Herr sie sprechen möchte.

Sie denkt an bekannte Geschäftspartner, die sich im Hotel aufhalten.
Sie beauftragt den Hotelpagen, den Herrn zu ihr zu bitten.

Dieser steht wenig später vor ihr. Sie kennt ihn nicht.

Er begrüßt sie, stellt sich mit seinem Namen vor und sagt: „Bitte verbringen Sie doch den Abend mit mir. Ich bin immer so alleine. Außerdem habe ich Sie die letzten zwei Tage im Hotel beobachtet."

Reagieren Sie souverän:

- „Vielleicht sollten Sie sich mehr auf sich konzentrieren."
- „Die Dame an der Rezeption kann Ihnen in diesem Fall bestimmt weiterhelfen."
- „Sie sollten sich überlegen, warum Sie sich so alleine fühlen."

17. Der 1. Klasse Chef

Der Geschäftsführer eines mittelständischen Unternehmens, ein recht korpulenter Mann, fliegt 1. Klasse und bestellt beim Steward einen Drink.

Die Stewardess serviert den Drink. Er schaut sie an und fragt: „Seit wann dürfen denn Pferde in der 1. Klasse servieren?"

Reagieren Sie souverän:

- „Möchten Sie lieber von meinem Kollegen bedient werden?"
- „Seitdem die Bauern fliegen dürfen."
- „Entspreche ich nicht Ihrem Schönheitsideal?"

18. „Das Zuckerle“

Der Vorgesetzte, ein „Mittvierziger“, begrüßt seine junge Sekretärin jeden Morgen auf eine ganz besondere Art und Weise:

„Lassen Sie sich in den Arm nehmen. Sie sind ein Zuckerle und das brauche ich jetzt.“

Reagieren Sie souverän:

- „Ihre Art der Begrüßung ist mir unangenehm. Bitte verzichten Sie in Zukunft darauf.“
- „Wenn Ihnen so nach etwas „Süßem“ ist, bringe ich Ihnen gerne jeden Tag etwas davon mit.“
- „Könnten wir uns auf ein freundliches „Guten Morgen“ ohne Umarmung einigen?“

19. Chefsekretärin oder Haushälterin?

Der Chef eines großen Immobilienbüros zur neu eingestellten Sekretärin:

„Ich möchte, dass Sie jeden Tag zwei „Äpfelchen“ für mich schälen, Zahnstocher hineinstecken und das „Ganze“ mir bitte auf einem silbernen Tablett servieren. Ebenso pressen Sie mir täglich zwei Orangen aus.
Den frischen Saft stellen Sie dann bitte auf meinen Schreibtisch.“

Reagieren Sie souverän:

- „Gute Idee! Und ich hätte gerne jeden Morgen zwei Eier mit Speck und Toast.“
- „Behandeln Sie Ihre Frau auch so?“
- „Diese Qualifikationen besitze ich nicht. Dafür bin ich eine gute Mitarbeiterin.“

20. Eine „außergewöhnliche“ Begrüßung

In einer Anwaltskanzlei kommt ein Anwaltskollege zu Besuch.

Im Empfang begrüßt er die Empfangssekretärin mit einem Schlag auf das „Hinterteil“.

Entsetzt stellt sie die Frage, was das zu bedeuten habe. Er antwortet: „Stellen Sie sich nicht so an. Das mache ich bei allen Damen.“

Reagieren Sie souverän:

- „Ist Ihnen der Paragraf der sexuellen Belästigung bekannt?“

- „Wenn „das“ bei den anderen Damen Eindruck macht, dann bitte! Ich möchte es nicht.“

- „Ja, aber „die“ nehmen Geld dafür.“

21. Persönliche Herabsetzung und Missachtung?

In der mittleren Führungsebene wird eine Geschäftspartnerin zu einem Termin erwartet.

Sie klopft an die Tür und wird hereingebeten durch ein unüberhörbares Ja....!

Sie öffnet die Tür und findet den Gesprächspartner vor in einem Sessel liegend. Sie erschrickt und bleibt wie angewurzelt stehen. Er winkt sie mit dem Zeigefinger herbei wie im Märchen „Hänsel und Gretel" und meint: „Sie sind also Frau...!"
Offensichtlich sieht er keinen Grund, seine Position im Sessel zu verändern. Er: „Bitte setzen Sie sich doch."

Geschockt reagiert sie auf seine Worte und setzt sich vorne auf die Stuhlkante.
Er beginnt das Gespräch (verändert aber keineswegs seine Liegestuhl-position) mit der Frage: „Sie möchten also bei uns als Trainerin arbeiten?"

Reagieren Sie souverän:

- „Ist Ihr Verhalten Besuchern gegenüber dem Personalvorstand bekannt?"
- „Ist Ihre Respektlosigkeit Damen gegenüber Bestandteil der gelebten Unternehmensphilosophie?"
- „Ich verlasse Sie jetzt und komme wieder, wenn Sie in aufrechter Haltung mit mir kommunizieren.

22. Der Chef als „Salonlöwe“?

Der Vorgesetzte, dessen Büro durch zwei Türen von seinem Sekretariat getrennt ist, betritt das Vorzimmer.

Die Sekretärin befindet sich gerade nicht am Platz, weil sie sich die „Nase pudert“.

Der Chef verlässt das Zimmer und brüllt im Gang aus vollem Halse, sodass jeder Mitarbeiter hören kann: „Frau…! Wo stecken Sie denn schon wieder?“

Reagieren Sie souverän:

- „Ich weiß ja, dass ich für Sie unverzichtbar bin. Aber gönnen Sie mir doch „einmal“ am Tag fünf Minuten.“

- „Ich bin auf der Suche nach Ihnen, weil Sie sich wieder nicht abgemeldet haben.“

- „Sie haben eine wunderschöne Stimme Herr…!
  Diese kommt allerdings viel besser zur Geltung, wenn Sie etwas dezenter sprechen würden.“

23. Schikane oder Störenfried?

Der Vorgesetzte kann auf dem Display seiner Telefonanlage erkennen, wenn seine Mitarbeiterin spricht.

Ständig unterbricht er ihre Telefonate, indem er sie lautstark zu sich zitiert und den Wunsch nach einer Tasse Kaffee oder einer Kopie äußert.

Das ganze Spiel wiederholt sich so lange, bis die Mitarbeiterin die Telefonate wegen dieser Banalitäten nicht mehr unterbricht.

Stattdessen legt sie den Hörer neben das Telefon und betritt sein Büro.
Dort teilt der Chef ihr mit: „Oh, ich sehe, Sie telefonieren ja noch.
Bitte beenden Sie das Gespräch doch ruhig erst.“

Reagieren Sie souverän:

- „Wir sollten grundsätzlich klären, was Priorität hat, um den Informationsfluss im Unternehmen zu gewährleisten.“
- „Es liegt im Interesse des Unternehmens, dass die Anrufer sich respektiert fühlen.“
- „Haben Sie schon einmal darüber nachgedacht, dass ich durch Ihre ständigen Unterbrechungen nicht effizient arbeiten kann?“

24. Utensilien für den Wochenendausflug

Beim Wiedersehen im Chefbüro nach einer langen Geschäftsreise berichtet der Chef seiner Mitarbeiterin:

„Ich nehme alles mit, wenn ich mein Hotelzimmer verlasse, um auszuchecken: Taschentücher, Duschhaube, Seife, Schuhputzmittel und Shampoo. Schließlich sind diese Dinge doch im Hotelpreis einkalkuliert worden." (Darüber sollte er sich rechtlich informieren)

Und weiter: „Meine Frau kann diese kleinen Dinge sehr gut gebrauchen. Sie benutzt sie im Schwimmbad, in der Sauna oder zu unserem Wochenendausflug."

Reagieren Sie souverän:

- „Ich wusste gar nicht, dass es Ihnen finanziell so schlecht geht."
- „Aber Handtücher, Bademantel und die Bettwäsche lassen Sie doch im Hotel oder?"
- „Bis heute habe ich geglaubt, dass Ihre Frau nur exquisite kosmetische Produkte bevorzugt."

25. Guten (?) Morgen

Die Sekretärin eines Abteilungsleiters hat für 14 Tage die Vertretung vom Vorzimmer des Juniorchefs übernommen.

Die Umgangsformen im Unternehmen sind ein absolutes „Muss".

Nur der Juniorchef scheint einige Probleme damit zu haben.
Er beginnt seinen Arbeitstag mit schlichter Ignoranz.

Die junge Sekretärin versucht jeden Morgen, Ihren „Vertretungschef" mit freundlichen Worten zu begrüßen.

Dieser bringt aber nicht mehr als ein gemurmeltes „Morg'n" zustande.

Reagieren Sie souverän:

- „Sollten wir nicht mit einem herzlichen „Guten Morgen" den Tag beginnen?"

- „Sie sollten schon am Morgen positiv denken, nach dem Motto: Heute ist mein bester Tag: Guten Morgen, Frau…!"

- „Jeder Morgen ist ein neuer Anfang. Warum nicht auch für Sie?"

26. Rationelles Arbeiten im Chefbüro?

Auf der einen Seite spricht der Unternehmer von rationeller Arbeit im Chefsekretariat. Auf der anderen Seite werden von den jeweiligen Abteilungschefs Vorlage-Schreiben im Sekretariat abgegeben zum Bearbeiten.

Das heißt, die Chefs schreiben ihre Briefe vor und geben sie anschließend den Sekretärinnen zum Abschreiben.

Reagieren Sie souverän:

- „Lieber Herr…, haben Sie schon einmal errechnet, was Sie Ihrem Unternehmen in einer Stunde kosten?"

- „Abgesehen vom Fachwissen ist heute jede kompetente Sekretärin in der Lage, einen Brief nach Stichworten zu formulieren."

- „Kann man einer Sekretärin das „Corporate Wording" nicht zumuten? Das gehört doch zum Qualitätsmanagement!"

27. Wutausbruch im Sekretariat

Schlecht gelaunt betritt der Chef sein Büro.

Nach einer halben Stunde beharrlichen Suchens nach „Etwas“ hat er endlich einen vermeintlichen Grund gefunden, seine Mitarbeiterin am Telefon wüst zu beschimpfen.

Während des Telefonates sind noch weitere Mitarbeiter im Chefzimmer anwesend und erleben diesen Wutausbruch. Das Ganze ist der Mitarbeiterin äußerst peinlich. Sie fühlt sich schuldig.

Am Nachmittag bringt sie den Mut auf, um mit ihrem Chef darüber zu sprechen.

Dieser unterbricht sie nach den ersten Sätzen: „Ich weiß gar nicht, was Sie von mir wollen.“

Reagieren Sie souverän:

- „Wenn Sie mir den Grund Ihrer Aggressivität mitteilen würden, könnte ich Sie besser verstehen.“
- „In einem angemessenen Ton können wir über alles reden, aber bitte unter vier Augen.“
- „Wenn Sie sich öffnen würden, könnten wir bestimmt eine Lösung finden. Warum haben Sie sich damals für mich entschieden?“

28. Hopfen und Malz

Die langjährige Mitarbeiterin einer Bank in Ostdeutschland möchte sich zur Fortbildung anmelden und legt ihrem neuen Abteilungsleiter die Anmeldung vor.

Sein bissiger Kommentar hierzu: „Einen Ossi zum Seminar schicken ist hinausgeschmissenes Geld – bei denen ist sowieso Hopfen und Malz verloren.“

Reagieren Sie souverän:

- „Sind Sie der Meinung, wir hätten nicht das geistige Potenzial, um als Lösungsanbieterin und Entscheidungsvorbereiterin für Sie tätig zu sein.

- „Als Führungskraft dürfen Sie diese unqualifizierte Aussage nicht machen. Das ist Mitarbeiterführung.“

- „Darf ich Sie fragen, wie Sie bei dieser subjektiven Einstellung hier arbeiten können?“

29. Seine Kalinka

Immerhin ist er Vorstandsmitglied einer Bank und nimmt sich – wahrscheinlich deshalb – heraus, seine Assistentin zu „duzen“ und sie mit „Kalinka“ anzusprechen.

Wenn er allerdings schlechte Laune hat, ruft er seine Mitarbeiterin mit den Worten: „Frau…, kommen Sie doch bitte einmal zu mir.“

Reagieren Sie souverän:

- „Ich bitte Sie, mich ab sofort mich Frau... anzusprechen.“
- „Kann es sein, dass Sie je nach Laune nicht besonders entscheidungsfreudig sind?“
- „Darf ich Sie fragen, welchen Namen ich Ihnen geben darf, wenn „ich“ in guter Laune bin“?“

30. Welches Parfum benutzen Sie?

Der neue Vorstand einer Bank mag es nicht, wenn seine Sekretärin dezent und angenehm duftet.

Er geht jeden Morgen „extra nah“ an ihrem Schreibtisch vorbei und bemerkt lautstark: „Das stinkt ja wirklich „penetrant“ hier.“

Reagieren Sie souverän:

- „Ich benutze dieses Parfum, um Sie auf einer gesunden Distanz zu halten.“
- „Wie soll ich das verstehen?“
- „Selbst die „exklusivsten“ Parfums können Ihr scheinbar verwöhntes Näschen nicht befriedigen.“

31. Seien Sie still…

Der neue Chef einer Versicherungsagentur kommt eines Morgens im letzten Moment in das Büro - kurz bevor er einen wichtigen Kunden erwartet.

Da er vergessen hat, seine frisch gewaschenen Haare zu kämmen, versucht seine Mitarbeiterin ihn aufzuhalten, bevor der Kunde ihn in dieser „Aufmachung" sehen kann.

Seine Haare stehen in alle Richtungen und erwecken nicht gerade einen repräsentativen Eindruck.

Doch er lässt sich nicht aufhalten und fährt ihr über den Mund: „Sie wissen doch, ich habe gleich einen wichtigen Termin. Seien Sie still, jetzt habe ich keine Zeit."

Reagieren Sie souverän:

- „Möchten Sie mit Ihrer neuen „Trendfrisur" den Kunden begrüßen?"

- „Haben Sie heute Morgen schon in den Spiegel geschaut?"

- „Ihrem Erscheinungsbild nach kann dieser Termin gar nicht „so" wichtig sein."

32. Hier fehlen einem die Worte...

Die Mitarbeiterinnen einer Bank benutzen Pfefferminz- oder Hustenbonbons.

Dem neuen Zweigstellenleiter scheint dies nicht zu behagen.

Sein Kommentar laut und deutlich vor allen Mitarbeitern: „Sie stinken ja schrecklich, was ist das?“

Reagieren Sie souverän:

- „Schon die alten Naturvölker benutzten die Pfefferminze für einen angenehmen Atem.“
- „Dieser Geruch sollte Ihnen durch die tägliche Mundhygiene durchaus bekannt sein.“
- „Kann es sein, dass Pfefferminz- oder Hustenbonbons unangenehme Erinnerungen bei Ihnen aktivieren?“

33. „Kleine“ Marotten?

Besonders deutlich wird der Verfall der Sitten in manchen Chefetagen an diesem Beispiel:

Der Geschäftsführer eines Pharmaunternehmens kratzt sich im Beisein der anwesenden Mitarbeiter am Türstock den Rücken, bohrt beim Telefonieren ständig in der Nase und lässt seine benutzten Taschentücher überall in seinem Büro herumliegen.

Von seiner Mitarbeiterin darauf angesprochen, erwidert er: „Ich fühle mich hier wohl, ganz wie zu Hause.“

Reagieren Sie souverän:

- „Mit Ihrem Fachwissen stellen Sie sich jedem Vergleich. Nur Ihr persönlicher Stil lässt zu wünschen übrig.“
- „Kennen Sie das Buch: „Manieren und Karriere“? Sie sollten es unbedingt lesen.“
- „In Ihrer Vorbildfunktion sollten Sie einmal über die Imagepflege unseres Hauses nachdenken. Die Mitarbeiter beobachten alles.“

34. Nervennahrung für den Chef

Der Chef ist oft am Wochenende im Unternehmen, um in Ruhe arbeiten zu können.

Dabei leert er mit schöner Regelmäßigkeit im Sekretariat vorhandene Bonbondosen, verzehrt unbeeindruckt Kekspackungen und Schokoladentafeln. Das Eigentum seiner Mitarbeiterinnen.

Sein Kommentar dazu am Montagmorgen: „Gibt es hier kein Marzipan und Nougat im Haus?"

Reagieren Sie souverän:

- „Lieber Chef, wir teilen unsere Süßigkeiten gerne mit Ihnen. Wann teilen Sie Ihr Marzipan und Nougat mit uns?"

- „Sie sollten am Montagmorgen nicht vergessen, die Süßigkeiten-Schale wieder aufzufüllen."

- „Wenn Sie am Wochenende im Unternehmen arbeiten möchten, sollten Sie sich Obst und Nüsse mitnehmen. Das „Beste" für die Konzentration."

35. Eine besondere Sorte Chef

Der Chef einer Möbelfirma nutzt seine Machtposition aus, besonders gegenüber weiblichen Angestellten.

Nach Lust und Laune werden die Damen mit DU angesprochen: „Du, komm mal eben!“

Im Vorbeigehen haut er ihnen gerne auf ihr „Hinterteil“.

Und er macht verletzende Bemerkungen bei persönlichen Veränderungen: „Hast Du Dir die neue Frisur mit der Heckenschere verpassen lassen?“

Reagieren Sie souverän:

- „Ja wirklich, finden Sie das?“

- „Ein größeres Kompliment können Sie mir heute nicht machen.“

- „Mir gefällt mein Haarschnitt.“

36. Eine Profilneurose?

Der Chef eines großen Architekturbüros hat es am liebsten, wenn er Publikum um sich hat.

Er bestellt Fotografen, die Fotos von ihm anfertigen, auf denen er so zu erkennen ist: In jeder Hand hält er „einen" Telefonhörer an seine „linke" und „rechte" Ohrmuschel.

Die vergrößerten Fotos befestigt er persönlich an der Pinnwand im Eingang, ebenso im Chefbüro hinter seinem Sessel an der Wand mit den Worten: „Ist dies nicht ein Super-Foto von mir?"

Reagieren Sie souverän:

- „Es freut mich, dass Sie sich selbst so gut gefallen."
- „Wenn Sie von Ihren Fotos so überzeugt sind, warum nicht?"
- „Was sagen Ihre Kunden dazu?"

37. Die weihnachtliche Kaffeetafel

Auf der Weihnachts-Kaffeetafel stehen drei Flaschen Sherry für die Mitarbeiter des Chefs. Aber ohne Gläser.

Der Chef zu seinen Mitarbeitern: „Wer einen Sherry trinken möchte, der kann das tun."

Reagieren Sie souverän:

- „Hätten Sie für Ihren „guten Tropfen" auch ein paar Gläser?"

- „Wenn wir jetzt auf die Festtage die Gläser klingen lassen möchten, benötigen wir diese auch."

- „Sie haben die Gläser vergessen. In welchem Schrank sind sie?"

38. Die Sekretärin als Cheffahrer

Die Sekretärin muss nach jedem Urlaub des Chefs diesen und die gesamte Familie mit seinem Auto vom Flughafen abholen. Ungefähr vier Stunden Autofahrt.

Auf der Rückfahrt lenkt der Chef sein Auto.

Die Sekretärin wird auf die Rückbank in die Mitte verfrachtet und muss die ganze Zeit die Tasche mit den Golfschlägern festhalten, da diese im Kofferraum keinen Platz haben.

Als Dankeschön erhält sie jedes Mal eine Tüte Bonbons mit dem jährlichen Spruch: „Diese Bonbons haben wir für Sie aus Irland mitgebracht."

Reagieren Sie souverän:

- „Oh Mann, sogar die besten Bonbons haben Sie für mich gekauft. Das gleicht ja einer Beförderung."

- „Oh wie schön, die Besten wie immer. Auf „die" habe ich mich schon das ganze Jahr gefreut."

- „Nur die Bonbons aus Irland entschädigen mich für das eingequetschte Sitzen inklusive der Golfschläger hier auf der Rückbank."

39. Eine Sekretärin zum Arbeiten

Im Vorstellungsgespräch der Chef zur Kandidatin: „Wenn ich eine Sekretärin für „mich“ suchen würde, so würde ich Sie sofort einstellen.
Ich suche aber eine für das Unternehmen, „zum Arbeiten“.“

Reagieren Sie souverän:

- „Und da „ich“ einen kompetenten Chef suche, hat sich unser Gespräch damit erledigt.“

- „Besser intelligent und schön als inkompetent und sexistisch.“

- „Welche Vorstellungen haben Sie von einer neuen Mitarbeiterin?“

40. Die attraktive Sekretärin

Die Mitarbeiterin einer Chefetage sucht nach 15-jähriger Tätigkeit in einem Unternehmen ein neues Aufgabengebiet und stellt sich in einer Chefetage vor.

Der Chef im Vorstellungsgespräch: „Wissen Sie, Sie sehen nicht so aus wie eine, die arbeiten kann."

Reagieren Sie souverän:

- „Denken Sie, dass Sie mit dieser Aussage Führungsqualitäten zeigen?"
- „Dürfen nur unattraktive Damen bei Ihnen arbeiten?"
- „Haben Sie so schlechte Erfahrungen gemacht, dass Sie diese Aussage hier in den Raum stellen?"

41. Die Mitarbeiterin als Geisha?

Ab 08.30 Uhr steht der frisch aufgesetzte Tee in der Teekanne für den Chef im Chefzimmer bereit. Zwei Meter von ihm entfernt.

Trotzdem erhält die Sekretärin jeden Morgen einen Anruf: „Würden Sie mir jetzt bitte den Tee einschenken."

Reagieren Sie souverän:

- „Können Sie dies vom unternehmerischen Denken her verantworten?"

- „Wenn es die Zeit erlaubt, tue ich es gerne für Sie. Aber dieser Service gehört nicht zu meinen Schlüsselqualifikationen."

- „Das Zeitmanagement verlangt meine volle Konzentration. Daher bin ich sicher, dass Sie sich Ihren Tee alleine einschenken können."

42. Urlaub gestrichen

Die Mitarbeiterin bittet aus „familiären“ Gründen ihren Chef um ein paar Tage Urlaub.

Sie hatte vorher die Frage nach einer Urlaubsvertretung gelöst.

Die barsche Antwort des Chefs: „Sie machen dann Urlaub, wenn „ich“ in Urlaub gehe. Es gibt hier nichts zu besprechen.“

Reagieren Sie souverän:

- „Darf ich das so verstehen, dass ich nur dann krank werden darf, wenn auch Sie krank sind?“

- „Leider gibt es familiäre Dinge, die sich nicht anders regeln lassen.“

- „Familiäre Angelegenheiten lassen sich nicht beeinflussen durch Ihren Urlaubswunsch.“

43. Das „kleine Schwarze“

Die Mitarbeiterin stellt sich bei dem Direktor einer Versicherung vor in einem klassischen Hosenanzug.

Der Direktor: „Tragen Sie immer Hosen? Das „kleine Schwarze“ würde auch gut zu Ihnen passen.“

Reagieren Sie souverän:

- „Ich danke Ihnen sehr für das Kompliment. Aber ich denke, dass der klassische Stil für den Büroalltag besser geeignet ist und ich das „kleine Schwarze“ zu passender Gelegenheit tragen sollte.“

- „Mein klassischer Hosenanzug kann nur zur Imagepflege Ihres Hauses beitragen.“

- „Zum „kleinen Schwarzen“ gehört auch das passende Outfit Ihrerseits.“

44. Die Farbe schwarz

Bei ihrem Vorstellungsgespräch trägt die Kandidatin einen eleganten, schwarzen Rock.

Der Chef im Gespräch: „Ist bei Ihnen jemand gestorben?“

Reagieren Sie souverän:

- „Nein! Kann es sein, dass Sie die Farbe schwarz nicht mögen?“
- „Nein! Die internationale Mode scheint für Sie ein Tabuthema zu sein.“
- „Nein! Sie sollten als Führungskraft aber wissen, dass „schwarz“ eine klassische Grundfarbe ist – im Business.“

45. Er liebt Korrekturen in „Rot“

Die neue Mitarbeiterin des Personalleiters bringt die Unterschriftenmappe ihrem Chef.

Er korrigiert die Briefe mit roter Tinte. Anschließend legt er ihr die Unterschriftenmappe vor.

Sie öffnet diese und sieht ihn fragend an. Er antwortet: „Sie müssen sich an meinen Stil gewöhnen, ich wäre gerne Lehrer geworden.“

Reagieren Sie souverän:

- „Darf ich fragen, warum Sie sich für diese Position entschieden haben?“

- „Im Personalmanagement sind Führungsqualitäten gefragt und nicht der Umgang mit roter Tinte.“

- „Warum haben Sie nicht die pädagogische Laufbahn eingeschlagen? Dann könnten Sie die rote Tinte auch sinnvoll einsetzen.“

46. Die Mitarbeiterin als stinkiger Käse?

Der Chef zu einem Vorstandskollegen über seine Mitarbeiterin, die nebenan im Sekretariat hört: „Sie meint, sie sei so gut wie der Käse, nur weil der stinkt."

Reagieren Sie souverän:

- „Sie dürfen mich auch gerne mit einem Champagner vergleichen."
- „Mitleid bekommt man geschenkt, Neid muss man sich verdienen."
- „Einen ausgereiften Qualitätskäse wie mich sollten Sie als Feinschmecker zu schätzen wissen."

47. Der taktlose Chef

Die Mitarbeiterin des Chefs spricht mit ihm über die Gestaltung der Wände im Büro, welche Motive passen würden.

Da er weiß, dass sie eine begeisterte und erfolgreiche Reiterin ist, böllert er los: „Ich sage Ihnen von vornherein, Bilder von Kinderköpfen und Pferdeköpfen werden hier nicht an die Wand gehängt."

Reagieren Sie souverän:

- „Wie stellen Sie sich denn die Gestaltung der Wände vor?"

- „Ich bin auch Ihrer Meinung. Pferde- und Kinderbilder passen nicht in dieses Büro."

- „Im Pferdestall würde ich ja auch keine Bilder von Computern und Bürobedarf aufhängen."

48. Die Arbeitszeit

Im Vorstellungsgespräch wird das Thema Arbeitszeit angesprochen.

Der Chef eines mittelständischen Unternehmens zur Bewerberin: „Ich bin es gewohnt, dass meine Sekretärin morgens vor mir hier erscheint um 07.30 Uhr und solange bleibt, bis ich gehe. So gegen 20.20 Uhr."

Reagieren Sie souverän:

- „Vielleicht sollten wir über Jobsharing diskutieren, wenn alle relevanten Punkte geklärt sind."
- „Können Sie Ihre Gewohnheiten vom arbeitsmedizinischen Standpunkt her vertreten?"
- „Hier würde es sich für Sie lohnen, zwei Mitarbeiterinnen einzustellen, da diese produktiver arbeiten können."

49. Die multifunktionale Chefsekretärin

Die Chefsekretärin erhält von ihrer Kollegin ein Band zum Schreiben mit dem Auftrag: Die Briefe sollen dem täglichen Postausgang mitgegeben werden.

Sie beginnt sofort und traut ihren Ohren nicht:
Ein Kaugummi kauender Chef beginnt mit dem Diktat:
„Sehr geehrter Herr…, vielen Dank für Ihre Anfrage.
Hier unser Angebot… Pause. Sie hört einen Kaffee schlürfenden Chef auf dem Band. Pause. Er diktiert weiter… Position 1…

Die Sekretärin hört, wie er mit seinem Kaugummi eine Sprechblase produziert. Plötzlich macht es „peng“ in ihren Ohren.
Er spricht: „Schei…! Sorry! Die Blase ist geplatzt.“

Funkstille auf dem Band, kein Buchstabe, kein Laut zu hören. Sie schaltet das Diktiergerät aus und horcht. Auch im Chefzimmer ist Funkstille.
Sie möchte ihre Kollegin fragen, was das zu bedeuten habe. Diese aber ist wie vom Erdboden verschwunden.
Sie sucht sofort ihren Chef auf und findet ihn hilflos am Schreibtisch sitzend mit den Resten des Kaugummis in seinem Bart klebend.

Die Sekretärin eilt aus dem Chefzimmer und kommt mit einer Schere zurück. Stück für Stück schneidet sie die Kaugummireste aus seinem Bart.

Überraschend betritt ein Abteilungsleiter das Chefzimmer: „Was geht denn hier ab?“

Reagieren Sie souverän:

- „Eine Sekretärin muss eben multifunktional arbeiten können."

- „Auch diese Art von Problembewältigung gehört zu meinem Aufgabengebiet."

- „Während des konzentrierten Diktierens hat Herr… mit Hilfe eines Kaugummis seinen Stress bewältigt."

50. Das Horoskop

Ein Abteilungsleiter der mittleren Führungsebene wählt seine neu einzustellenden Mitarbeiterinnen und Mitarbeiter nach dem Horoskop aus.

Eines Tages fragt er seine Mitarbeiterin in einem Fördergespräch:
„Wie ist Ihr Aszendent?"

Reagieren Sie souverän:

- „Ich glaube an fachliche und persönliche Qualifikationen und nicht an Aszendenten."

- „Große Feldherren nutzten die Sterndeutung auch zur Entscheidungsfindung und waren hinterher die großen Verlierer."

- „Gehört Ihre Art der Entscheidungsfindung zu unserer Unternehmensphilosophie?"

51. Die Blumensprache der Führungskräfte

Mitarbeiterinnen hören, wenn Ihre Chefs am Telefon sagen:

...Sie müssen meine Zimmerlinde fragen."
...mein Kaktus kann Ihnen das beantworten."
...meine Primel hat ein paar Tage frei."

Reagieren Sie souverän:

- „Haben Sie vergessen, dass ich Maria Müller heiße?"
- „Ihre blumenreiche Sprache hilft mir nicht bei meiner Aufgabenbewältigung und ist absolut respektlos."
- „Diese Antwort ist auch nicht gerade der Dünger, um Blumen zum Wachsen zu bringen."

52. Die Tiersprache der Chefs I

Mitarbeiter hören, wenn von Chef zu Chef geäußert wird:

„Wo sind meine Hühner?"
„Wo ist das Mäuschen?"

Reagieren Sie souverän:

- „Kann es sein, dass Sie sich wie der Hahn im Korb fühlen?"
- „Der Verdacht erhärtet sich immer mehr, dass Sie lieber Farmer geworden wären."

Die Tiersprache der Chefs II

Mitarbeiter hören, wenn von Chef zu Chef geäußert wird:

„Was macht denn Dein Haustier?"
(Gemeint ist hier die/der Auszubildende)

Reagieren Sie souverän:

- „Sie sollten vorher darüber nachdenken, ob Sie sich ein Haustier anschaffen. Vielleicht können Sie es auf die Dauer nicht halten."

53. Der Abfangjäger

Der technische Leiter sucht überall seine Sekretärin:
„Wo ist mein Abfangjäger?“

Reagieren Sie souverän:

- „Ist Ihnen als Luftwaffenoffizier die Schutzfunktion abhanden gekommen?“
- „Ihr Abfangjäger? Meinen Sie Frau Müller?“
- „Ich habe gerade einen „Knall“ gehört. Ich glaube, er wurde abgeschossen, Ihr Abfangjäger.“

54. Die können nichts und taugen nichts...

Der neue Hoteldirektor stellt sich bei den Mitarbeitern so vor:

„Ich bin Franz … und komme aus Köln. Und damit Sie gleich Bescheid wissen, von den meisten Mitarbeitern halte ich nicht viel. Die können nichts und taugen nichts."

Reagieren Sie souverän:

- „Ist das Ihre hoch gelobte Mitarbeitermotivation?"

- „Haben Sie vor, das Unternehmen ohne Mitarbeiter zu führen?"

- „Denken Sie, dass dies die beste Voraussetzung für eine gute Zusammenarbeit ist? Ihre Vorurteile sollten Sie noch einmal überdenken."

55. Mein Esszimmer

Die Chefsekretärin erhält von ihrem Chef, der alleine lebt, einen Anruf vom Flughafen:

„Ich habe mein Esszimmer vergessen. Der Flug nach Madrid wird gerade aufgerufen. Bitte fahren Sie in meine Wohnung und holen Sie mein Gebiss. Es liegt im Badezimmer. Schicken Sie das Päckchen mit der nächsten Maschine nach Madrid."

Reagieren Sie souverän:

- „Hätten Sie nicht etwas „Appetitlicheres" vergessen können?"
- „Stellen Sie sich vor, Sie hätten Ihren Kopf vergessen."
- „Vor Ihrer nächsten Reise gehen wir gemeinsam die Checkliste durch."

56. Grüß Gott

Die neue Empfangssekretärin kommt aus Bayern.

Sie begrüßt einen Bankdirektor, der gerade die Empfangshalle des norddeutschen Hotels betritt, mit einem herzlichen: „Grüß Gott."

Seine Hände respektlos in den Hosentaschen untergebracht, brummt er zurück: „Noch ist er mir nicht begegnet."

Reagieren Sie souverän:

- „Suchen Sie deshalb unseren Herrgott in der Hosentasche?"
- „Ich komme aus Bayern und dort bedeutet die Begrüßung: Seien Sie gegrüßt von Gott."
- „Wenn Sie so schlecht gelaunt sind, wird unser Herrgott sich genau überlegen, ob er Ihnen begegnen möchte."

57. Chef mit guten Manieren gesucht

Das Vorstandsmitglied einer angesehenen Privatbank erhält jedes Jahr zu Weihnachten von einem bedeutenden Kunden einen Marzipanteller mit dem Schokoladenaufdruck des Wahrzeichens der Stadt geschenkt.

Dies ist eine besondere Ehre und Aufmerksamkeit, die er natürlich nicht missachten oder gar ausschlagen darf.

Tatsache ist, dass er Marzipan nicht mag. Daher überlässt er den Marzipanteller den Vorstandsassistentinnen mit den Worten: „Ich habe hier etwas ganz besonders Leckeres für Sie."

Anschließend betritt er das Büro seines Vorstandskollegen und vergisst dabei die Tür zu schließen.

Wenig später hören die beiden Vorstandsekretärinnen die alles übertönende Stimme ihres Chefs: „Ich habe mein Marzipan weitergegeben an das Sekretariat. Der Pöbel frisst alles."

Reagieren Sie souverän:

- „Ein Hund bringt auch nur dann dem Herrn das Stöckchen zurück, wenn er ihn respektiert und ihm vertraut."
- „Sie sollten das Ihnen entgegengebrachte Vertrauen auf diese Art und Weise nicht missbrauchen."
- „Was würde in Ihnen vorgehen, wenn Ihre Mitarbeiterinnen mit dem Geschenk genauso verfahren würden, wie Sie es taten?"

58. Die Kotelett-Knochen

Der Werksleiter eines Unternehmens schickt seine Mitarbeiterin mehrmals wöchentlich in die Kantine, um ein Kotelett zu kaufen.

Dagegen ist nichts einzuwenden. Die Mitarbeiterin erfüllt diesen Wunsch sehr gerne, um „seine Arbeitskraft“ zu erhalten.

Wehe aber, wenn das Kotelett nach Meinung des Chefs zu klein ausfällt. In diesem Fall wird die Mitarbeiterin zurück in die Kantine geschickt, um das Kotelett gegen eines einzutauschen, „welches dem Preis entspricht“.

Diese Episode hat jedoch eine Fortsetzung…

Diese Mitarbeiterin wird hin und wieder von ihrem Chef im Firmenwagen nach Hause gebracht.

Und was findet sie Unappetitliches vor ihrem Beifahrersitz auf der Fußmatte liegend? Eine Sammlung abgenagter Kotelett-Knochen der vergangenen Tage.

Reagieren Sie souverän:

- „Haben Sie den Firmenwagen zu einem Friedhof umfunktioniert? Sie sollten auf Schnitzel umsteigen.“
- „Soll ich für Sie morgen Ihre Essensreste entfernen oder haben Sie einen Hund zu Hause, der sich auf diese „Leckereien“ freut?“
- „Ist Ihr Hobby das Sammeln von prähistorischen Knochen?“

59. Viva España

Eine Sekretärin erzählt ihrer Kollegin „Mein Chef ist der größte Chaot. Nie findet er das, was er dringend braucht. Er verlässt mich jetzt und übernimmt das Werk in Spanien.

Sein Schreibtisch o je, o Graus… vielleicht kennt er sich mit Kastagnetten besser aus.“

Reagieren Sie souverän:

- „Seien Sie doch froh, dass Sie diesen Pflegefall endlich los sind.“
- „Vielleicht liegt ihm das „Mañana, Mañana…!“
- „Ich weiß nicht, warum Sie sich beschweren, Sie kennen Ihren Chef doch lange genug. Nur ein Genie beherrscht das Chaos.“

60. Immer, wenn er den Kittel nimmt…

Der Chefsekretärin des Werksleiters fällt auf, immer wenn er seinen Arbeitskittel vom Kleiderhaken nimmt, bittet er um den Generalschlüssel mit der Äußerung, in der Produktion etwas erledigen zu müssen.

In den Container wird er jedes Mal begleitet von einer Mitarbeiterin.

Das Büro verlässt er immer mit den Worten: „Ich bin in dreißig Minuten zurück, falls der Boss sich meldet."

Reagieren Sie souverän:

- „Ich wusste gar nicht, dass Frau… so viel von der Produktion versteht."

- „Meinen Sie, dass der Container ein angemessener Ort für ein Schäferstündchen ist?"

- „Wie lange, glauben Sie, lässt sich Ihr „kleines Geheimnis" noch diskret behandeln?"

61. Der Chef als Frauenfeind?

Der Chef, autoritärer Führungsstil, Kasernenmentalität und wenig Zutrauen zu den weiblichen Mitarbeiterinnen.

Die männlichen Angestellten, allesamt Techniker, haben es bei ihm viel leichter. Hier fühlt er sich von seinem Umfeld, in seinem sozialen Verhalten bestätigt.

Weibliche Mitarbeiter haben es sehr schwer bei ihm.

Die Sekretärin erhält die Aufgabe, einen Vorgang „anders" zu erledigen.

Zwei Tage nach der praktizierten Änderung fragt er: „Warum haben Sie diese Vorgehensweise geändert?"

Reagieren Sie souverän:

- „Wenn Sie es wünschen, ändere ich es auch entgegen Ihrer Anweisung."

- „Könnte es wirklich sein, dass ich Sie falsch verstanden habe?"

- „Ich arbeite nur nach Ihrer Anweisung."

62. Der Chef als Spürhund?

Der neue Vorgesetzte hat die Angewohnheit, nach Dienstschluss die Schreibtischschubläden verschiedener Arbeitsplätze zu durchsuchen.

Eine Kollegin hat einen benutzten Kuchenteller in der Schublade.

Der Chef holt ihn heraus und tituliert seine Mitarbeiterin vor der Kundschaft mit harschen Worten: „Sie alte …!"

Reagieren Sie souverän:

- „Finden Sie es gut, Mitarbeiter vor der Kundschaft so zu blamieren?"

- „Denken Sie, dass Ihr Verhalten zu einem angenehmen Betriebsklima beiträgt?"

- „Ist Ihre Kritik wirklich konstruktiv?"

63. Glück oder Pech?

Der Chef kümmert sich um nichts, solange alles läuft. Wenn es nicht läuft, sind die Mitarbeiter auf eigene Entscheidungen angewiesen und haben entweder Glück, dass sie in seinem Sinne gehandelt haben oder Pech, wenn ihm die Nase der Mitarbeiter nicht gefällt.

Wenn die Assistentin Briefe schreibt, taucht er plötzlich auf, starrt schweigend über ihre Schulter und wartet auf einen Tippfehler mit dem Kommentar: „Konzentrieren Sie sich bitte."

Reagieren Sie souverän:

- „Ihr Oberlehrerverhalten bringt mich aus dem Konzept."
- „Durch Ihr Verhalten können Mitarbeiter nicht produktiv und fehlerfrei arbeiten."
- „Haben Sie sich schon einmal überlegt, dass Sie durch „Ihre" Mitarbeiterführung ein unkonzentriertes Arbeiten fördern?"

64. Das wahre Gesicht

Der Chef, ein Immobilienmakler, hat ein hervorragendes Fachwissen. Er gibt aber seine Informationen nur nach Lust und Laune weiter. Er lässt seine Assistentin gerne auflaufen mit den Worten: „Was, das wussten Sie nicht?"

Für sein männliches Ego tut er eine ganze Menge: Bei schlechter Laune „putzt" er seine Mitarbeiter abwechselnd herunter.

Den Kunden gegenüber ist er der „ideale Chef". Sobald sie außer Reichweite sind, zeigt er sein wahres Gesicht.

Hier ein Beispiel:
Am Vormittag brennt in der kleinen Küche eine Glühbirne durch. Am Nachmittag brüllt er plötzlich die Auszubildende an: „Warum ist die Birne in der Küche immer noch nicht ausgewechselt worden? Wozu sind Sie überhaupt da?"

Reagieren Sie souverän:

- „In Ihrem Unternehmen werde ich zur Immobilienkauffrau ausgebildet und nicht zum Elektriker."
- „Heute habe ich verstanden, was Ihre Mitarbeiter fühlen, wenn Sie von Ihnen ungerecht behandelt werden. Sind Sie nicht auch ein Fremder im eigenen Haus?"
- „Ich wollte Sie auch schon fragen, wer die Glüh-Birne in der Küche austauschen könnte."

65. Sage, was Du willst und…

Die Sekretärin erzählt:

„Mein Chef lädt einen anderen Chef zur Besprechung ein. Der Termin wird von dessen Chefsekretärin auch bestätigt. Doch der Chef erscheint nicht. Mein Chef wartet und wartet. Der andere Chef telefoniert und telefoniert.

Wutentbrannt stürmt mein Chef aus seinem Zimmer: „Es ist eine Unverschämtheit, was der ständig mit mir macht.“

Reagieren Sie souverän:

- „Weisen Sie Herrn… darauf hin, dass er sie ständig warten lässt.“

- „Unpünktlichkeit ist ein Zeichen von Respektlosigkeit. Sie sollten Herrn … darauf aufmerksam machen.“

- „Vereinbaren Sie mit Herrn… den nächsten Termin eine halbe Stunde früher. So können Sie sicher sein, dass er „pünktlich“ erscheint.“

66. Ich Ihnen oder Sie mir...

Eine Assistentin erzählt:

„In einem Streitgespräch zwischen Personal- und Finanzchef und meiner Vorgesetzten, Miteigentümerin der Firma, schreit der Finanzchef meine Chefin an: „Entweder kündige ich Ihnen oder Sie mir!"

Als Lösungsanbieterin schlägt die Assistentin Ihrer Chefin vor:

Reagieren Sie souverän:

- „Kompromisse lassen sich immer finden."

- „Gemeinsame Lösungen finden Sie nur auf der Sachebene."

- „Eine optimale Lösung lässt sich bestimmt finden, wenn Sie in Ruhe darüber nachdenken."

67. Spielgefährtinnen des Chefs

Die Chefsekretärin erhält eines Tages von ihrem Chef, einem angesehenen Immobilienmakler, einen außergewöhnlichen Auftrag:

„Bitte fahren Sie mit meinem Wagen auf die …Straße, Nr...! Auf dem dort befindlichen Briefkasten steht der Name Maier. Nehmen Sie eine Gebäckzange mit und holen Sie mit dieser meinen Brief aus dem Briefkasten. Dann tauschen Sie ihn mit dem in meiner Hand befindlichen Kuvert aus."

Die Chefsekretärin findet keine Worte mehr. Nachdem sie sich gefasst hat, bittet sie um eine Erklärung.

Aus der Not heraus spricht er:
„Ich habe zwei Freundinnen. Beide heißen Maier. Sie wissen nicht, dass ich verheiratet bin. Jeden Monat erhalten beide unterschiedliche Zuwendungen. Ich persönlich werfe monatlich die Briefumschläge mit den Geldbeträgen in den jeweiligen Briefkasten.

Heute aber verwechselte ich die Kuverts. Bitte helfen Sie mir! Die Damen dürfen nichts voneinander wissen und schon gar nicht meine Frau."

Reagieren Sie souverän:

- „Entschuldigen Sie bitte, aber diese Handlung ist für mich kriminell und geht über das Maß hinaus.“

- „Ich verstehe Ihre Situation. Aber bitte verstehen Sie auch mich. Mit Ihrem Privatleben möchte ich nichts zu tun haben.“

- „Da ich mit Ihnen nur einen Arbeitsvertrag habe, verlangen Sie zu viel von mir. Ich bitte Sie, das zu verstehen.“

68. Assessment-Center?

Der Bewerber für die Stelle eines Abteilungsleiters wird zum Gespräch eingeladen. Mehrere Kandidaten sitzen im Raum.

Plötzlich fordert der Gesprächsleiter die Kandidaten auf: „Bitte basteln Sie aus dem vor Ihnen liegenden Bogen Papier einen Hut, setzen Sie diesen anschließend auf, steigen Sie auf Ihren Stuhl und rufen Sie kikeriki..."

Reagieren Sie souverän:

- „Sind Sie der Meinung, dass ein Abteilungsleiter das Niveau eines Kindes im Vorschulalter mitbringen muss?"
- „Ist Ihre Aufforderung ernst gemeint?"
- „Diese Kindergartenspiele mögen ja für die kindliche Entwicklung förderlich sein. Aber nicht für mich als Ihr zukünftiger Abteilungsleiter."

69. Auswahlverfahren?

In einem mittelständischen Unternehmen werden fünf Bewerber zu einem Gruppengespräch eingeladen.

Es wird von einem der anwesenden Herren der Unternehmensleitung ein Thema vorgegeben, über welches die fünf Bewerber diskutieren sollen.

Anschließend werden die Bewerber aufgefordert, den Raum zu verlassen. Die Unternehmensleitung zieht sich zur Beratung zurück.

Die fünf Kandidaten dürfen nach der dreißigminütigen Beratung wieder an der Gesprächsrunde teilnehmen.

Die Unternehmensleitung: „Wir werden jetzt jedem einzelnen Kandidaten mitteilen, was er für Schwächen hat und für wen wir uns entschieden haben."

Reagieren Sie souverän:

- „Da, abgesehen von der Fachkompetenz, letztendlich alles eine Frage der Sympathie und Antipathie ist, können Sie mir das Ergebnis auch schriftlich mitteilen."
- „Da „jeder" Mensch Schwächen besitzt, steht es Ihnen nicht zu, in extremen Stresssituationen diese Form der Abwertung zu wählen."
- „Haben Sie sich schon einmal auf den „Du-Stuhl" gesetzt? Dann können Sie auch nachvollziehen, wie wir uns jetzt hier fühlen."

70. „Liebesgrüße aus Moskau“

Vor dem Rückflug von Moskau nach München wird eine deutsche Trainerin der Universität für Linguistik von einer russischen Dolmetscherin gebeten, eine Flasche Wodka mit einem Briefumschlag mitzunehmen. Diese soll dem Chef der Marketingabteilung eines deutschen Konzerns überreicht werden mit der Bitte um baldigen Rückruf. Sie habe mehrmals versucht ihn telefonisch zu erreichen, weil er ihr ein dreimonatiges Praktikum im Werk versprochen habe.

In München kontaktiert die Trainerin nach einigen Tagen den Chef. Dieser reagiert völlig überrascht und kann sich beim besten Willen weder an die junge russische Dame mit der Flasche Wodka noch an das versprochene Praktikum erinnern.

Reagieren Sie souverän:

- „Eigentlich wäre dies ja ein Fall für die „Bild“ Zeitung.“
- „Soll ich den Brief öffnen und Ihnen vorlesen? Vielleicht erinnern Sie sich dann sofort.“
- „Was halten Sie davon, wenn ich Ihrer Frau persönlich die Flasche Wodka mit dem Brief überreiche.“

71. Die Mitarbeiterin als Erzieherin

In diesem speziellen Fall handelt es sich um einen Chef, der seine beiden Söhne mit ins Büro bringt. Kein Problem, denn die Mitarbeiterin ist selbst Mutter und kann mit Kindern umgehen. Normalerweise…

Was aber, wenn der große Sohn (10 Jahre) ohne Vorwarnung den PC der Mitarbeiterin in Beschlag nimmt und beginnt, die Tasten wild zu bearbeiten? Der kleine Sprössling (gerade 4 geworden und sehr aktiv) inspiziert erst einmal ausgiebig die Handtasche der Mitarbeiterin auf der Suche nach Süßigkeiten. Leider wird er nicht fündig, aber von seiner letzten Stippvisite in Papas Büro weiß er noch, wo die Bewirtungskekse sind. Oh, wie ärgerlich – keine da. Dann greift er ersatzweise völlig ungeniert in die Zuckerdose und stopft vier Zuckerwürfel gleichzeitig in den Mund – mehr passen nicht hinein.

Nun setzt Junior sich auf den Schreibtischstuhl und wünscht zu malen. Bereitwillig stellt ihm die Mitarbeiterin Stifte und Papier zur Verfügung. Das nächste Telefonat nimmt sie stehend entgegen, denn beide Stühle ihres Büros sind besetzt. Inzwischen sind die beiden Brüder in heftigen und lautstarken Streit geraten. Die Mitarbeiterin kann ihr eigenes Wort kaum verstehen - geschweige denn, was der Anrufer am anderen Ende der Leitung wünscht.

Was der wohl denken mag - vielleicht: „Habe ich versehentlich die Nummer des Städtischen Kindergartens gewählt?“ Oder: „Hat Frau… umgeschult und ist jetzt gleichzeitig als Erzieherin tätig?“

Möchten Sie wissen, wo dieser Chef während der ganzen Zeit steckte?

Na klar, gut abgeschirmt von seinem etwas turbulenten Vorzimmer in seinem Chefsessel, an seinem Schreibtisch im Chefbüro.

Und warum brachte er die Kinder mit ins Büro?

In seinem „Privathaus“ kam der Dekorateur früh am Morgen, um im ganzen Haus neue Gardinen anzubringen. Und dabei konnte seine Frau die Kinder „beim allerbesten Willen“ nicht gebrauchen.

-- Ohne Worte –

72. Sie können nicht anständig telefonieren

Der Chef ist auf Geschäftsreise.

Er ruft die Mitarbeiterin zur morgendlichen Berichterstattung aus dem Ausland an.

Die Verbindung ist schlecht. Es knistert und knackt in der Leitung. Die Verständigung klappt nur sehr mühsam.

Die Mitarbeiterin schlägt vor: „Wir können alles morgen besprechen – es ist keine so wichtige Post eingetroffen, als dass bis morgen etwas „anbrennen" könnte. Außerdem sind Sie dann in München, was eine problemlose Telefonverständigung garantiert."

Der Chef fragt: „Haben Sie alle aufgetragenen Arbeiten vom Vortag (Briefe, Einladungen, Terminarrangements) erledigt?"

Sie antwortet: „Selbstverständlich, alles wie gewünscht erledigt und vorbereitet."

Die donnernde, wutverzerrte Stimme des Chefs antwortet: „Wissen Sie was? Wenn Sie noch nicht einmal fähig sind, mit mir anständig zu telefonieren, dann schicken Sie mir den ganzen Sch... sofort in mein Hotel, damit „ICH" mich vernünftig darum kümmern kann."

Reagieren Sie souverän:

- „Ich war bis jetzt der Meinung, Kooperation und Koordination gehören zu meinem Job."

- „Haben Sie sich heute über etwas maßlos geärgert?"

- „Für Ihre „Frustbewältigung" bin ich nicht zuständig."

73. Aber das „Outfit“ stimmte…

Nachwuchsführungskräfte betreten den Frühstücksraum des Fünf-Sterne-Hotels. Lässig werfen die Herren ihre Mäntel über die Trennwände zwischen den Tischen. Es gibt anscheinend keine Garderobe. Anschließend wird das Jackett während der lautstarken Unterhaltung abgelegt und über die Stuhllehnen gehängt. Schließlich braucht der Mensch mehr Freiraum.

Während eines niveaulosen, lautstarken und ausführlichen Gespräches über den Verlauf des gestrigen Abends schreitet man, die Hände in der Hosentasche, zum Frühstücksbüfett. In der linken Hand ein „randvolles“ Glas Orangensaft, in der rechten Hand einen „randvoll“ gefüllten Teller mit Rührei und Schinken. Jonglierend mit Glas und Teller kämpft man sich vorsichtig auf seinen Platz zurück.

Von dem Gebrauch der Serviette wird abgesehen. Diese benutzt man nur in Notfällen. Die Brötchen reichen nicht aus für das kräftige Rührei. Einer der Herren fragt den Kollegen: „Wollen Sie auch noch Brötchen? Ich organisiere welche.“ Er schnippt mit den Fingern zur Frühstücksdame hin.

Ahnend, dass die Kaffeekanne leer ist, schüttelt der Kollege währenddessen diese kräftig, um der Frühstücksdame „mitzuteilen“, dass man noch Kaffee benötigt.

Die Frühstücksdame ist schockiert.

Reagieren Sie souverän:

- „Möchten Sie mir nonverbal mitteilen, dass Sie noch Kaffee wünschen?“

- „Können Sie sich vorstellen, wie es in unserem Fünf-Sterne-Hotel aussehen würde, wenn alle Gäste mir ihre Wünsche auf „Ihre“ Art und Weise mitteilen würden?“

- „Mein Herr, wir befinden uns hier in einem Fünf-Sterne-Restaurant und nicht in einer Stehbierhalle.“

74. Die Schublade mit den Fremdwörtern

Immer wenn Gäste sich im Hause aufhalten, öffnet der Chef die Schublade mit den Fremdwörtern.

In Anwesenheit eines Geschäftsbesuches fragt der Chef seine Sekretärin: „Kann ich Ihren Radiergummi oppulieren?“

Reagieren Sie souverän:

- „Sie meinen damit: Sie möchten sich meinen Radiergummi ausleihen?“
- „Ich kann das Wort „oppulieren“ im Duden nicht finden. Können Sie es mir bitte erklären?“
- „Ich habe Sie nicht verstanden. Was möchten Sie mit dem Radiergummi anstellen?“

75. Ab zehn Minuspunkte die Kündigung?

Beim Geschäftsessen mit zwei Geschäftsführern und der Chefsekretärin:

Einer der Herren zitiert Goethe. Die Sekretärin ärgert sich, dass er jedes Mal mit seinen Zitaten die Anliegen des zweiten Geschäftsführers gezielt unterbricht.

Sie fasst Mut und fragt den Geschäftsführer: „Bin ich ein besserer Mensch, wenn ich Goethe zitieren kann?“ Er erwidert: „Wissen Sie, es zeugt von Bildung.“ Sie entgegnet: „Aber nicht von Charakterbildung.“ Der Chef abschließend: „Das gibt schon wieder einen Minuspunkt für Sie.“

Sie kann sich nicht zurückhalten und fragt ihn: „Wie viele Minuspunkte habe ich denn schon?“ Der Chef antwortet: „Neun Punkte.“

Reagieren Sie souverän:

- „Ist es auch möglich, bei Ihnen Pluspunkte zu sammeln?“
- „Haben Sie jemals darüber nachgedacht, wie Sie auf andere wirken?“
- „Erhalte ich ab zehn Minuspunkte die Kündigung?“

76. Ich bin nicht da!

Im Sekretariat läutet das Telefon. Die Sekretärin nimmt den Hörer ab und begrüßt den Anrufer.

Wie aus dem Nichts taucht der Chef auf, stellt sich neben die Sekretärin und horcht.

Laut ertönt in der linken Ohrmuschel der Sekretärin die Stimme des Chefs: „Ich bin nicht da!“

Die Sekretärin entschuldigt den Chef. Während sie weitere Informationen vom Anrufer erhält, ertönt wieder laut der Chef: „Was will er denn?“
Und weiter: „Sagen Sie Herrn…, dass…!“

Nach einer Minute ist das Gespräch beendet.

Reagieren Sie souverän:

- „Bin ich hier die Souffleuse im Theater?“
- „Es wäre besser gewesen, Sie hätten das Gespräch direkt übernommen.“
- „Haben Sie Angst, mit dem Anrufer zu sprechen?“

77. Die kriegt eh` nichts mehr

In einem mittelständischen Unternehmen hört die Sekretärin, gerade „50“ geworden, wie in einem Gespräch zwischen dem Wiener Geschäftsführer und dem Münchner Geschäftsführer gesagt wird:

„In Wien wird die Sekretärin unterm Preis bezahlt, weil man ab 50 nicht mehr vermittelbar ist. Sie können die Dame richtig unter Druck setzen. Sie wird uns nicht verlassen. Mit 51 kriegt die eh` nichts mehr.“

Reagieren Sie souverän:

- „Sind Ihrer Meinung nach Frauen im Alter über „50“ wertlos und im Berufsleben nicht mehr leistungsfähig?“
- „Sie glauben also, dass Druck und Ausbeutung der Dank für jahrelanges Engagement und Loyalität ist?“
- „Wenn das Ihre Meinung ist, werde ich künftig meine Arbeitsleistung Ihren Vorurteilen entsprechend anpassen.“

78. Das „verdammte“ Smartphone

Ein Chef aus München und ein Chef aus Wien treffen sich zum Abendessen in einem Gourmet-Restaurant.

Plötzlich läutet im Jackett des Wiener Geschäftspartners das Smartphone.

Der Wiener Geschäftsmann antwortet auf das Läuten in einer solchen Lautstärke, dass die anwesenden Gäste sich belästigt fühlen.

Reagieren Sie souverän:

- „Bitte entschuldigen Sie, dass ich Sie störe. Die Verbindung war sehr schlecht.“

- „Es tut mir leid, aber dieses Gespräch war außerordentlich wichtig.“

- „Sorry, auf dieses Gespräch habe ich seit Tagen gewartet.“

79. Der neue Prokurist

Bewerberauswahl am Montagmorgen.

Die Tür geht auf. Wortlos geht der in Frage kommende Bewerber ohne Begrüßung an den Assistentinnen vorbei in das Chefzimmer.

Diese sind völlig wie vor den Kopf gestoßen.

Nach einer Stunde verabschiedet sich der Bewerber vom Chef und verlässt grußlos das Sekretariat.

Der Chef informiert anschließend die Sekretärin: „Das ist unser neuer Prokurist."

Reagieren Sie souverän:

- „Es wäre schön, wenn dieser neue Prokurist auch Umgangsformen besäße."
- „Legen wir in unserem Unternehmen keinen Wert mehr auf Umgangsformen?"
- „Sein Outfit gefiel uns ja, aber..."

80. Der „altväterliche“ Briefstil

Der Chef gibt der Assistentin eines Morgens den Auftrag, seine Briefe zeitgemäß zu formulieren. Sie tut es.

Zum Beispiel ändert sie sofort: …und verbleiben weiterhin mit freundlichen Grüßen.

Der Chef ruft sie zu sich: „Warum haben Sie das gemacht?“

Antwort der Sekretärin: „Ihr Stil sollte doch zeitgemäß sein.“

Ihr Chef weiter: „Wissen Sie eigentlich, wie alt der Herr ist, mit dem ich kommuniziere?“

Sie verneint seine Frage.

Ihr Chef antwortet: „Mein Stil ist der alte Stil und er bleibt wie gehabt.“

Reagieren Sie souverän:

- „Sie sollten wirklich einmal darüber nachdenken, dass die Briefkultur ein nicht zu unterschätzendes Element der Unternehmensführung ist.“
- „Im 21. Jahrhundert sollten wir mit modernster Technik zeitgemäße Briefe formulieren und schreiben.“
- „Soll ich die Schreibmaschine wieder hervorholen, um die altväterlichen Briefe zu tippen?“

81. „Handverlesene“ Damen

Schreiben der Geschäftsleitung:

persönlich/vertraulich
An die Herren...
Im Betreff: Fortbildungskurse

Beigefügt ein Angebot der... Akademie für Sekretärinnen-Seminare 1 - 3.
Besonders 2 und 3 könnten für einige „handverlesene“ Damen von Interesse sein. Zwar nicht ganz billig, aber ohne Übernachtung.

Entsprechende Schulung verpflichtet dann aber auch den jeweiligen Chef.

Unterschrift: Geschäftsleitung

Mit diesem Schreiben ist die Chefsekretärin nicht einverstanden.

Reagieren Sie souverän:

- „Was verstehen Sie unter „handverlesene Damen“? Objektiv oder subjektiv gesehen?“
- „Entsteht durch Ihre Entscheidung nicht ein Qualitätsverlust?“
- „Sekretärinnen, die ein wirkliches Interesse an Seminaren zeigen, werden anschließend das Erlernte auch umsetzen.“

82. Die „gierigen“ Blicke des Chefs

Die Sekretärin wird von ihrem Vorgesetzten mehrmals gebeten, im Chefzimmer von ganz oben im Regal Ordner herauszuholen.

Sie tut es gerne für ihn, wundert sich aber, warum so oft?

Beim letzten Ordner treffen sie seine „gierigen“ Blicke.

Reagieren Sie souverän:

- „Würde es Sie noch mehr reizen, wenn ich für Sie weitere Ordner aus der „untersten“ Regalreihe herausnehmen müsste?“

- „Ich hoffe nur, dass Sie in diesem Moment dabei an Ihre Frau denken.“

- „Ihre „gierigen“ Blicke verbieten es mir, in Zukunft weitere Ordner für Sie zu holen.“

83. Wo bleibt die Persönlichkeit?

Der Chef stellt seine Mitarbeiterin mit diesen Worten seinem Besucher vor:

„Das ist Frau…, die „gute Seele“ der Abteilung. Wir arbeiten auf dem Gebiet… zusammen – sie kann mich aber natürlich nicht ersetzen.“

Die Mitarbeiterin versteht die Welt nicht mehr.

Reagieren Sie souverän:

- „Sie meinen sicher mit der „guten Seele“ meine soziale und persönliche Kompetenz.“

- „Die Assistentin als Lösungsanbieterin und Entscheidungsfinderin kann „keinen“ Chef ersetzen.“

- „Ich weiß nicht, wie ich den letzten Satz verstehen soll. Was möchten Sie damit sagen?“

84. Während meiner Ausbildung

Eine Chefsekretärin erzählt:

Mein Ausbildungsleiter hat mir während meiner Ausbildung schon Aufgaben zugewiesen, die eine Auszubildende noch nicht erledigen durfte.

Als junger Mensch war es eine Ehre für mich, so behandelt zu werden.

Nach einiger Zeit bemerkte ich, dass mein Ausbildungsleiter mehr von mir wollte als „nur" meine berufliche Leistung.

Als ich jedoch nicht bereit war, mit ihm den Abend zu verbringen, wurden mir alle schon übertragenden Aufgaben wieder abgenommen, und ich hatte fortan überwiegend die alten verstaubten Akten aus dem Keller zu holen bzw. Arbeiten zu erledigen, die zuvor für unseren „Laufburschen" bestimmt waren.

Als ich den Ausbildungsleiter darauf ansprach, lachte er nur und erwiderte: „Alles lag in Ihrer Hand."

Reagieren Sie souverän:

- „Als Führungskraft haben Sie eine Vorbildfunktion, deren Missbrauch unter Strafe steht."

- „Kennen Sie den Paragrafen über den Missbrauch von Schutzbefohlenen?"

- „Was würde wohl Ihre Familie „dazu" sagen?"

Kommentar der 35-jährigen Chefsekretärin: „Dieses Erlebnis habe ich nie so richtig verarbeitet."

85. Warum benutzt er plötzlich meinen Vornamen?

Während einer Baubesprechung ist die Sekretärin damit beschäftigt, Unterlagen anzufertigen, zu kopieren, anschließend zu verteilen sowie verschiedene Schreiben aufzusetzen, die sofort wieder ins Besprechungszimmer gebracht werden müssen.

Als sie wieder mit Ordnern beladen auf dem Flur ihren Chef trifft, der gerade die Tür zum Besprechungszimmer öffnet, bittet sie ihn, die Kanne mit dem frischen Kaffee für die Herren mitzunehmen.

Vor allen anwesenden Geschäftsführern schlägt er die Bitte ab mit einem Blick in die Runde: „Für das Bedienen ist unsere Gabi zuständig."

Reagieren Sie souverän:

- „Wie meinen? - Und unser Harald leitet heute die Besprechung."

- „Wer ist denn „unsere" Gabi?"

- „Unsere Bedienungen arbeiten in der Kantine. Die Imagepflege gehört zu meinem Aufgabenbereich."

86. So kann man auch mit kleinen Sachen Freude machen…

Der Geschäftsführer liest im Beisein der Abteilungsleiter einen Vertragsentwurf vor.

Als er plötzlich einen „dummen“ Rechtschreibfehler entdeckt, gibt er diesen in Anwesenheit aller lautstark zum Besten.

Seine übertönenden Lachsalven und Kommentare dringen vor bis zur Chefsekretärin.

Reagieren Sie souverän:

- „Ich freue mich, dass Sie sich über einen menschlichen Fehler so amüsieren können.“

- „Die Römer würden das so kommentieren:
ERRARE HUMANUM EST.“

- „Versetzen Sie sich doch bitte einmal in dieser Situation in meine Lage. Wie würden „Sie“ sich jetzt fühlen?“

87. Der Chef als Astrologe?

Wenn neue Mitarbeiter eingestellt werden sollen, erstellt der Chef mit Hilfe eines Astrologie-Programmes für ihn aussagefähige Daten, die ihm bestätigen, ob er sich für oder gegen den Bewerber entscheiden soll.

Das Programm stellt er stolz seiner Assistentin vor.

Reagieren Sie souverän:

- „Sind Sie sicher, dass dieses Instrument der Personalauswahl für unser Unternehmen geeignet ist?“

- „Fachzeitschriften veröffentlichten: Das Testergebnis von Software-Programmen ist teilweise überraschend schlecht.“

- „Die Macht einer Führungskraft basiert nicht auf der Befugnis zur Einstellung, Beförderung und Entlassung, sondern auf seiner Kompetenz und Persönlichkeit - und nicht auf die der Astrologie.“

88. Und wer macht meine Ablage?

Ein mittelständisches Unternehmen mit zwei Geschäftsführern und einer Chefsekretärin.

Eines Morgens kommt die Mitarbeiterin in ihr Büro und erfährt, dass einer der Geschäftsführer ab sofort nicht mehr für das Unternehmen tätig sein wird.

Dieser Geschäftsführer baute sie immer wieder auf, nicht so schnell die Flinte ins Korn zu werfen, wenn sie aufgrund des unkollegialen Verhaltens des zweiten Geschäftsführers das Unternehmen verlassen wollte.

Nun ist der Tag gekommen. Sie kündigt ihre Stelle zum nächsten Termin.

Der einzige Kommentar des siegreichen Geschäftsführers: „Und wer macht meine Ablage?"

Reagieren Sie souverän:

- „Die bleibt von heute an unerledigt."
- „Meine Nachfolgerin. Ich bin sicher, sie wird es nicht lange mit Ihnen aushalten."
- „Bestimmt haben Sie jetzt viel Zeit, über Ihr Führungsverhalten nachzudenken."

89. Der Cheffahrer als Spirituosen-Einkäufer

In der Chefetage ist bekannt, dass der Cheffahrer zweimal pro Woche Weinbrand für seinen Chef einkaufen muss.

Der langjährige Cheffahrer ist nicht mehr bereit, den Alkoholkonsum des Chefs zu unterstützen. Er spricht ihn darauf an.

Dieser Chef behauptet: „Ich trinke nicht."

Reagieren Sie souverän:

- „Ich mache mir ernsthaft Sorgen um Sie."
- „Sie sollten Ihren Stress nicht mit Hilfe von Alkohol bewältigen."
- „Vielleicht sollten Sie mit Ihrem Arzt über eine Kur sprechen."

90. Die Moni und ihre Chefs

Die Chefsekretärin im 250-Mitarbeiter-Unternehmen pflegte in Abständen von mehreren Jahren ein Verhältnis mit dem Verkaufsleiter, ein Verhältnis mit dem Einkaufsleiter und last, but not least, jetzt ein Verhältnis mit dem Personalleiter.

Sie hört auf den Vornamen „Moni".

An einem Freitagmorgen ruft der Personalleiter im Chefsekretariat an und fragt die Zweitsekretärin: „Wo ist die „Moni"?"

Reagieren Sie souverän:

- „Frau... ist nicht anwesend. Wünschen Sie einen Rückruf?"
- „Meine Kollegin ist mit dem Cheffahrer unterwegs, um einen wichtigen Termin wahrzunehmen."
- „Frau... koordiniert gerade die Termine für den Verkaufsleiter und den Einkaufsleiter."

91. Das qualifizierte Absageschreiben

Eine diplomierte Betriebswirtin schickt ihre Bewerbungsunterlagen an die Personalabteilung eines Unternehmens.

Hier die Antwort auf die Bewerbung:

Sehr geehrte Frau…,

Wir sind ein qualifiziertes Unternehmen und benötigen daher auch nur qualifizierte Mitarbeiter.

Deshalb senden wir Ihre Unterlagen zu unserer Entlastung zurück.

Nachdem sie sich von dem ersten Schock erholt hat, greift sie zum Telefonhörer.

Reagieren Sie souverän:

- „Mit meinem überdurchschnittlichen Diplom stelle ich mich jedem Vergleich."
- „Kann es sein, dass Sie in meinem Fall nicht die richtigen Textbausteine für Absageschreiben gewählt haben?"
- „Die Mitarbeiter Ihres Personalmanagements sollten lernen qualifiziert zu formulieren."

92. Symbole der Macht?

Eine Assistentin erzählt von den Unarten des Chefs:

- Beim Briefe formulieren mit dem Diktiergerät: Bonbons lutschen, Nüsse essen, Kaffee schlürfen, klappern mit dem Gebiss, die Nase hochziehen.
- Beim Telefonat: Zigarette anzünden, Rauch geräuschvoll im Zimmer verteilen, hinflegeln in den Chefsessel.
- Beim Abteilungsessen: Lustig wirken, Aufmerksamkeit auf sich lenken durch niveaulose Kommentare, mit Essensresten werfen.
- Mitarbeiter gegeneinander ausspielen.
- Morgens mit griesgrämigem Gesicht in der Tür erscheinen. Wenige Minuten später ertönt es lautstark aus seinem Büro: „Wo bleiben mein Kaffee und meine Zigaretten?“
- Bei der Postbesprechung: Ständig kratzt er sich mit dem Lineal.
- Zweimal in der Woche muss sie ihrem Chef vom Bäcker frische Brezeln besorgen. Das Salz hat sie zu entfernen, bevor sie diese serviert.

-- Ohne Worte --

93. Telefonstil?

Der Vertriebsleiter ruft bei der Assistentin an:
„Ich will den Meier sprechen. Stellen Sie mal durch."

Reagieren Sie souverän:

- „Sie meinen, Sie möchten Herrn Meier sprechen?"
- „Gerne verbinde ich Sie mit „Herrn" Meier."
- „Wen meinen Sie mit „den" Meier?"

94. Chiefs und Indianer?

Die Assistentin des „alten Geschäftsführers“ wird mit der Protokollführung beauftragt.

Der neue Chef fragt die Assistentin vor der Sitzung: „Wissen Sie überhaupt, wie ein unterschriftsreifes Übernahme-Protokoll erstellt werden muss?“

Sie kann diese Frage mit „ja“ beantworten.

Der neue Geschäftsführer: „Dann kann ich die Sitzung ja eröffnen. Schreiben Sie als Erstes unter Tagesordnungspunkt 1: Hier waren viel zu viele „Chiefs“ und zu wenig Indianer.“

Reagieren Sie souverän:

- „Kann es sein, dass Sie als neuer „Chief“ für „Recht und Ordnung“ sorgen möchten?“

- „Sind Sie sicher, dass Ihre Wild-West-Mentalität protokolliert werden muss?“

- „Gehört diese Aussage als Beweismittel in das Protokoll?“

95. Seine Frau stört ständig!

Während einer Postbesprechung unterbricht der Chef seine Assistentin mitten im Satz. Er steht auf und geht nach unten in die Kaffeeküche, um sich einen Kaffee zu holen.

Inzwischen wartet die Sekretärin im Sekretariat. Er kommt zurück, vergisst aber, sie wieder zu sich zu rufen.

Der Chef unterbricht in seinem Büro wichtige Besprechungen mit den Abteilungsleitern, wenn seine Frau anruft.

Sie meldet sich mehrmals täglich bei der Sekretärin telefonisch, weil sie zu Hause die Langeweile plagt, mit den Worten: „Wo ist „er" denn schon wieder? Ich brauche ihn dringend."

Reagieren Sie souverän:

- „Wenn ich Ihre Nummer auf dem Display sehe, steht mir sofort der „kalte Schweiß" auf der Stirn."

- „Ich weiß, dass Ihr Mann Sie liebt. Aber ich bin überzeugt, dass Ihr Mann Sie noch mehr lieben würde, wenn Sie ihn nicht so oft stören würden."

- „Sie sollten einmal darüber nachdenken, dass Ihre ständigen Anrufe Ihren Mann völlig aus seinem Arbeitsrhythmus bringen?"

96. Hat mein Chef ein Burnout?

Die Mitarbeiterin hat den Eindruck, dass ihr Chef keine Freude mehr am Unternehmen zeigt.

Er empfindet viele anfallende Arbeiten und daraus resultierende Gespräche als lästig.

Wenn Fehler durch sein Verhalten passieren, schiebt er diese auf seine Assistentin mit den Worten: „Wie konnte Ihnen dieser Fehler unterlaufen?"

Reagieren Sie souverän:

- „Haben Sie schon einmal darüber nachgedacht, dass Sie mit Ihrem Verhalten unser Vertrauensverhältnis langsam, aber sicher zerstören?"

- „Aus Ihrem Verhalten entnehme ich, dass Ihnen momentan „alles" zu viel ist. Sie bräuchten dringend den nötigen Abstand."

- „Was ist der Grund für Ihre Antriebslosigkeit?
  Liegt es an meiner Person?"

97. Die Mitarbeiterin als perfekte Lügnerin

- „Er ist nicht da.“
- „Er ist vier Wochen in Urlaub.“
- „Er ist beim Arzt.“
- „Er muss jeden Moment kommen.“
- „Er ist beim Mittagessen.“
- „Wie kann ich Sie erreichen?“
- „Er führt gerade ein Ferngespräch. Es kann nicht mehr lange dauern.“
- „In dieser Woche geht es schlecht. Er hat Besuch aus China.“
- „Er muss irgendwo im Haus sein.“
- „Er hat eben angerufen und mitgeteilt, dass er heute etwas später kommt.“
- „Ich gebe Ihnen Bescheid, wenn er da ist.“
- „Er war kurz da, musste aber gleich wieder weg.“
- „Er ist in einer wichtigen Besprechung. Ich darf ihn jetzt keinesfalls stören.“
- „Er ist heute verreist. Kann ich etwas ausrichten?“
- „Ob er heute noch zurückkommt, ist fraglich."

Reagieren Sie souverän (wenn Sie nicht lügen möchten):

- „Herr... ist momentan nicht erreichbar.“

- „Bitte informieren Sie uns kurz in einer Email.“

98. Ich bin nicht da!

Ihr Chef sagt vor einem eingehenden Anruf: „Ich bin nicht da!“ Sie entschuldigt den Chef daraufhin beim Anrufer.

Plötzlich taucht der Chef auf und fragt lautstark, sodass der Anrufer verstehen kann: „Wer ist es denn? Und was will „er“ denn?“

Blitzschnell verdeckt sie mit ihrer Hand die Sprechmuschel.

Reagieren Sie souverän:

- „Ich kann nur „einem Herrn“ dienen.“
- „Wie soll ich Ihnen den Rücken freihalten, wenn Sie sich hier als anwesend präsentieren?“
- „Der Anrufer weiß jetzt, dass Sie hier im Büro sind. Bitte übernehmen Sie „sofort“ das Gespräch!“

99. Er muss Zeit für mich haben

Der Abteilungsleiter wünscht einen Termin beim Geschäftsführer. Die Chefsekretärin schlägt ihm einen Termin vor. Er ist damit nicht einverstanden.

Sie entgegnet: „Herr… hat an dem Tag keinen weiteren Termin mehr frei!“

Der Abteilungsleiter beschwert sich: „Mädchen! So geht das aber nicht. Wenn ich den Chef sprechen möchte, muss er für mich Zeit haben.“

Reagieren Sie souverän:

- „Die Terminplanung gehört zu meinem Aufgabengebiet.“

- „Soll ich daraus entnehmen, dass Sie mir nicht glauben?“

- „Für Sie hat Herr… genauso wenig einen Termin frei wie für alle anderen auch. Wenn der Kalender voll ist, ist er voll.“

100. Denken Sie darüber nach!

Die Mitarbeiterin fühlt sich vom Vorstand einer Bank sexuell belästigt.

Sie weist ihn zurück und gibt ihm deutlich zu verstehen, dass sie „das“ nicht wünscht.

Daraufhin der Vorstand: „Denken Sie darüber nach, dass Sie eine Mitarbeiterbeurteilung erhalten?“

<u>Reagieren Sie souverän:</u>

- „Es ist schade, dass wir als Mitarbeiter keine Chefbeurteilung abgeben dürfen.“

- „Haben Sie schon einmal darüber nachgedacht, was Ihre Frau dazu sagen würde?“

- „Möchten Sie in die Mitarbeiterbeurteilung schreiben: Frau... verweigerte den sexuellen Kontakt?“

INFORMATION: Sexuelle Belästigung am Arbeitsplatz

Studienergebnis:
Jede zweite der am Arbeitsplatz sexuell belästigten Frauen musste berufliche Nachteile in Kauf nehmen, während die Täter meist ungestraft davonkamen.

101. Das großzügige Dekolleté

Im Rahmen einer Verleihung werden Pressefotos veröffentlicht.

Die Pressesprecherin eines Verlages ist auf einem der Fotos mit einem großzügigen Dekolleté zu erkennen.

Wenige Tage später klingelt bei der Chefsekretärin im Verlagssekretariat das Telefon. Ein Kunde ist am Apparat: „Bitte schicken Sie mir fünf Lexika an meine Anschrift. Sie sollten dazu wissen, dass ich die Bücher nur deshalb bestellt habe, weil mir auf dem Foto der Busen Ihrer Pressesprecherin so gut gefällt."

Reagieren Sie souverän:

- „Das ist ja hochinteressant. Im Lexikon finden Sie unter „B" das Wort „Busen".
- „Aus diesem Grund brauchen Sie keine Lexika zu bestellen. Ich kann Sie auch „gleich" mit der Pressesprecherin verbinden."
- „Sie sollten erst einmal „mein" Foto sehen, dann würden Sie noch einmal fünf Lexika bestellen."

102. Ist das alles?

Am Abend fährt der Bankvorstand mit dem Taxi zu einem Kunden.

Die Quittung für die Taxikosten gibt er der Assistentin am nächsten Morgen. Sie geht zur Kasse und lässt sich das Geld für die Quittung auszahlen.

Anschließend öffnet Sie die Tür des Chefzimmers. Sie sieht, dass der Chef telefoniert, legt ihm das Geld auf den Schreibtisch und will hinausgehen.

Er unterbricht das Telefonat mit dem Kunden, grinst die Assistentin an und fragt: „Ist das alles, was Sie gestern Abend verdient haben?“

Reagieren Sie souverän:

- „Zuhälter wie Sie wollen betrogen werden.“
- „Nein, das ist nur das Trinkgeld.“
- „In welchen Kreisen verkehren Sie, dass Sie mir diese Frage stellen?“

103. Sie mit Ihrem Gebiss…

Im jährlich anfallenden Personalgespräch erhält die Mitarbeiterin diese Ansage vom zuständigen Abteilungsleiter: „Sie brauchen sich gar nicht einzubilden, dass Sie mit Ihrem „Gebiss“ noch weiterhin hinter unserem Bankschalter stehen können.“

Reagieren Sie souverän:

- „Können Sie mir bitte diese Aussage schriftlich bestätigen?“
- „Was hat mein Gebiss mit meiner Fachkompetenz gemeinsam?“
- „Wenn mein Gebiss „Ihr“ Kündigungsgrund sein sollte, möchte ich es im Kündigungsschreiben auch so formuliert wissen.“

104. Eine grenzenlose Fantasie!

Der neue Job als Chefsekretärin. An einem Montagmorgen trifft die neue Chefsekretärin den kaufmännischen Leiter auf dem Flur.

Sein Kommentar zur Beförderung:

„Bekommen Sie ab sofort auch Kleidergeld?

Na, wie ist es denn so beim Chef auf dem Schoß?

Haben Sie sich auch schon das „kleine Schwarze“ zugelegt?“

Reagieren Sie souverän:

- „Wussten Sie schon, dass Neid das größte Kompliment ist?“

- „Mein Chef und ich pflegen eine ganz normale Mitarbeiter-Chefbeziehung. Aber gut zu wissen, welche Qualitäten Ihre Mitarbeiterin mitbringen müsste.“

- „Ihre grenzenlose Fantasie scheint mit Ihnen durchzugehen wie das Pferd mit dem Reiter.“

105. Für den Festtag einen Urlaubstag

Der Bankvorstand vergisst seit sechs Jahren regelmäßig den Geburtstag seiner Mitarbeiterin.

Ihr ist es immer peinlich, wenn sie an ihrem Festtag von ihren Mitarbeitern angesprochen wird, ob ihr Chef auch schon an sie gedacht habe.

Ihr Chef fragt Sie einen Tag vor ihrem geplanten Geburtstagsurlaub: „Warum nehmen Sie seit zwei Jahren immer am gleichen Tag Urlaub?“

Reagieren Sie souverän:

- „Wenn Sie sich für die elektronische Terminplanung interessieren würden, wüssten Sie warum.“

- „Es ist mir sehr peinlich, von Ihren Mitarbeitern seit Jahren angesprochen zu werden, ob Sie an meinen Geburtstag gedacht haben.“

- „Viele Führungskräfte erscheinen nur noch als ein Verein ungehobelter Befehlserteiler, die gar nicht wissen, was die ihnen anvertrauten Mitarbeiter brauchen und was sie vermissen.“

106. Kündigung auf der Treppe

In einer Bank wird der Sekretärin des Abteilungsleiters am Morgen mitgeteilt, dass man sie am Nachmittag um 15.00 Uhr zu einem Gespräch im Personalbüro erwartet.

Um 14.00 Uhr begegnet sie dem Personalchef auf der Treppe.

Der Chef zur Sekretärin: „Wenn wir uns schon hier treffen: Ich kündige Ihnen jetzt und hier zum nächsten Termin am...
Somit brauchen Sie den Termin um 15.00 Uhr in meinem Büro nicht mehr wahrzunehmen."

Reagieren Sie souverän:

- „Denken Sie wirklich, dass hier der richtige Ort für eine Kündigung ist?"

- „Diese Aussage passt zu Ihrer Führungskompetenz. Jetzt wird mir auch bewusst, warum ich bereits die vierte Sekretärin bin."

- „Sie gehören zu der Sorte „Chef", die Ihren Mitarbeitern die Kündigung auch am Krankenbett überreichen würde."

107. Das Überraschungsgeschenk

Der neue Vertriebsleiter stellt sich seiner Sekretärin vor: „Ich bin Ihr neuer Chef. Mein Name ist…! Ich habe Ihnen auch etwas „Schönes“ mitgebracht: das neueste Mobil-Phone.
Das können Sie sicher sehr gut gebrauchen, da wir in Zukunft viel kommunizieren werden. Bitte benutzen Sie es nur geschäftlich.

Reagieren Sie souverän:

- „Ihren Vorschlag finde ich optimal. Sie sollten das Mobil-Phone als Reisebegleiter nehmen. So sind Sie immer ***„Stand-by“***.“

- „Ich bin sehr froh, dass wir technisch konform gehen.“

- „Das größte Geschenk für mich ist, dass Sie ein zeitgemäßer, zukunftsorientierter Chef sein werden.“

108. Ein Fauxpas

Die Chefetage eines großen Elektrounternehmens trifft sich zum Geschäftsessen mit japanischen Geschäftspartnern.

Die acht Herren und die Assistentin nehmen Platz am reservierten Tisch im Nobel-Restaurant. Die Assistentin setzt sich neben den Direktor.

Beim „Smalltalk“ feuert der Direktor seine Visitenkarte quer über den Tisch zum Leiter der japanischen Delegation mit den Worten:
„Hier haben Sie meine Visitenkarte.“

Die Assistentin völlig geschockt zum Direktor: „Das ist ein Fauxpas im Umgang mit asiatischen Geschäftspartnern. Sie hätten die Visitenkarte mit beiden Händen überreichen müssen.“

Er antwortet völlig unsensibel: „“Die“ sollen sich hier in Deutschland an unsere Kultur gewöhnen.“

Reagieren Sie souverän:

- „“Wir“ möchten doch Geschäfte tätigen mit Japanern“
- „Zu einem Vertragsabschluss gehört der Umgang mit landesspezifischen Etiketten - speziell mit der asiatischen Kultur.“
- „Diesen Fauxpas können Sie nie wieder gut machen. Der japanische Geschäftspartner hat sein Gesicht verloren.“

109. Wer zu spät kommt, den…

Die Sekretärin erhält soeben den Auftrag von ihrem Chef, eine von ihm vergessene, aber sehr wichtige Terminsache zu klären.

Daher kann sie den Herren im Besprechungszimmer erst eine halbe Stunde später die Getränke reichen.

Beim Service kommentiert ihr Chef in Anwesenheit der Geschäftsführung die Situation mit den Worten: „Wer zu spät kommt, den straft das Leben."

Reagieren Sie souverän:

- „Sie sind der Grund, warum ich mich verspätet habe."
- „Ich musste, wie immer, für „Sie" die Kohlen aus dem Feuer holen."
- „Das Fortbestehen eines Unternehmens kann abhängen von einer vergessenen Terminsache, Herr…!"

110. Es muss eine Ehre für jeden sein

Der Geschäftsführer eines 400-Mitarbeiter-Unternehmens hat recht ungewöhnliche Führungsmethoden.

Nach langen Überlegungen fasst die Chefsekretärin den Mut, mit ihrem Chef über sein Verhalten zu sprechen. So kann sie nicht mehr weitermachen.

Sie fragt ihn: „Wer gibt Ihnen das Recht, mich zu „duzen“ und anzuschreien?“

Seine Antwort: „Sei doch froh, dass ich dich „duze“ und anschreie. Ich schreie auch meine Frau an. Das muss eine Ehre für jeden sein, von mir angeschrien zu werden.“

Reagieren Sie souverän:

- „Sie sollten eine Transaktionsanalyse machen lassen. Kann es sein, dass Sie mit dem „Eltern-Ich“ Probleme haben?“

- „Hat Ihnen schon einmal jemand gesagt, wie Sie auf andere wirken?“

- „Wir kommunizieren hier auf der Geschäftsebene und nicht auf der Privatebene.“

111. Der Schluck aus dem Becher

Jeden Nachmittag um 15.00 Uhr muss die Sekretärin für ihren Chef einen Becher Tee aus dem Automaten holen.

An diesem Tag ist eine technische Störung im Automaten. Der Automat füllt den Becher nicht bis zum Rand.

Die Sekretärin bringt den Becher zum Chef. Dieser fragt: „Haben Sie einen Schluck aus meinem Becher getrunken? Da fehlt ja was."

Reagieren Sie souverän:

- „Kennen Sie die Geschichte der Vorkoster an den Höfen?"

- „Als Geschäftsführer sollten Sie sich die Investition gönnen, für unser Büro einen Teekocher anzuschaffen. An der Wassermenge soll es dann nicht mehr scheitern."

- „Wie Sie wissen, bevorzuge ich am Nachmittag Kaffee."

112. Unterschriftsform i. A.

Ein Auszubildender aus der Verwaltung verwendet ohne Absprache mit dem Vorgesetzten die Unterschriftsform „im Auftrag“.

Als er am Montagmorgen am Kopierer steht, um Schriftstücke zu vervielfältigen, schaut ihm ein Vorgesetzter neugierig über die Schulter und fragt: „Warum unterschreiben Sie Ihre Briefe mit „i. A.“?“

Der junge Mann antwortet: „Das habe ich „so“ übernommen.“

Der Vorgesetzte fragt weiter: „Wissen Sie überhaupt, was „i. A.“ bedeutet?“

Der Auszubildende verneint die Frage.

Antwort des Vorgesetzten: „Ich Arschloch.“

Reagieren Sie souverän:

- „Gerade von Ihnen als Führungskraft hätte ich eine kompetente Antwort erwartet.“
- „Wo sind die Unterschriftsformen in unserem Hause einzusehen?“
- „Kennen Sie das Wort Fürsorgepflicht?“

113. Die Hufe des Chefs

Eine Chefsekretärin erzählt:

„Wenn mein Chef sich in der Gesprächsführung, sei es am Telefon oder im Beisein von Kunden, stark konzentrieren muss, scharrt er ständig mit seinem Fuß auf einer Stelle wie ein Pferd mit seinem Huf."

Reagieren Sie souverän:

- „Herr…, haben Sie schon einmal bemerkt, dass Sie in Konzentrationsphasen mit dem Fuß scharren?"

- „Der Teppich unter Ihrem rechten Fuß ist verschlissen. Woran kann das liegen?"

- „Sie sollten nicht wie ein Pferd mit dem Huf scharren, sondern auf dem Rücken eines Pferdes sitzen, um Ihren Stress abzubauen."

114. Die Klagen einer Sekretärin

Die Klagen einer Sekretärin:

- Das Ausnutzen seiner Chefposition in Form von „Antatschen".
- Sich das Recht nehmen, zur „Du-Form" überzugehen.
- Ins Privatleben übergreifen.
- Rechte verwehren.
- Provokation.
- Verbot von persönlichen Kontakten mit Mitarbeitern.
- Dumme Bemerkungen über persönliche Veränderungen.
- Selbstverständliches Zudiktieren von Aufgaben, die über
- die Arbeitszeit und das Arbeitsgebiet hinausgehen.
- Kein Lob und keine Anerkennung.

-- Ohne Worte --

115. Das „feuchte“ Betriebsfest

Zu später Stunde sitzt die Belegschaft an der Bar.

Aus einer Sektlaune heraus setzt sich der Geschäftsführer bei einem langjährigen Mitarbeiter auf den Schoß.

Wenig später verlässt er seine unbequeme Sitzgelegenheit.

Der Mitarbeiter fragt, entsetzt seine durchnässte Hose betrachtend, seine neben ihm sitzende Kollegin: „Ist es wahr oder träume ich?“

-- Ohne Worte --

116. Die „Wir-Form“

Einer der Geschäftsführer schlägt für das Unternehmen im Sinne von Corporate Identity einen einheitlichen Briefstil vor.

Die gesamte Geschäftsleitung begrüßt den Verbesserungsvorschlag und hält sich an die neue Anweisung, die Briefe in der „Wir-Form“ zu schreiben.

Nur der Geschäftsführer nicht, weil er sich durch seinen Verbesserungsvorschlag nur profilieren wollte.

Auf das Thema angesprochen, weist er dieses von sich mit den Worten: „Dessen bin ich mir nicht bewusst.“

Reagieren Sie souverän:

- „Jeder Vorschlag ist nur so gut wie seine Umsetzung.“
- „Warum setzen Sie „Ihren“ vom Unternehmen angenommenen Verbesserungsvorschlag nicht so um wie vereinbart?“
- „Stehen Sie nicht mehr hinter „Ihrem“ Verbesserungsvorschlag?“

117. Der „schusselige“ Chef

Ständig muss die Sekretärin ihren Chef zu seinem Schutz auf seine Schusseligkeit hinweisen.

Vorsichtig formuliert sie das unter anderem so: „Herr…, ich glaube, hier ist Ihnen ein Fehler unterlaufen.“

Er reagiert sofort: „Ich mache keine Fehler. Wenn hier einer einen Fehler gemacht hat, dann sind „Sie“ das.“

Reagieren Sie souverän:

- „Dann erklären Sie mir bitte, warum in „Ihrem“ Entwurf der Fehler bereits vorhanden ist.“

- „Fehler zuzugeben ist immer schwer. Wir sind keine Maschinen.“

- „§ 1: Der Chef hat immer Recht.

  § 2: Sollte der Chef einmal nicht Recht haben, tritt automatisch § 1 in Kraft.“

118. Angst vorm Fliegen?

Der neue Chef muss für einen Kundenbesuch aus Zeitgründen das Flugzeug in Anspruch nehmen.

Die Chefsekretärin bucht einen Platz bei einer Fluggesellschaft.

Wie aus heiterem Himmel platzt ihr Chef nach der Reservierung in ihr Büro: „Bitte stornieren Sie den Flug. Mir ist etwas dazwischen gekommen.“

Seine Sekretärin schlägt vor: „Dann nehmen Sie doch den ICE. Damit haben Sie eine schnelle und angenehme Verbindung.“

Der Chef entgegnet: „Nein, auf keinen Fall. Das entspricht nicht meinem Image.“

Reagieren Sie souverän:

- „Kann es sein, dass Sie Angst vorm Fliegen haben?“
- „Welche Art zu reisen entspricht Ihrem Image?“
- „Was halten Sie von einem Chauffeurservice?“

119. Wo soll ich unterschreiben?

Ab sofort ist die neue Anweisung der Geschäftsleitung zu befolgen:

Nur Führungskräfte sind berechtigt, den bargeldlosen Zahlungsverkehr im Unternehmen abzuwickeln. Das bedeutet, dass nur sie Schecks unterzeichnen dürfen.

So legt die Sachbearbeiterin dem Vertriebsleiter eine Mappe mit einigen Schecks zur Unterschrift vor. Er befindet sich nicht in seinem Büro.

Eine halbe Stunde später lässt er die Mitarbeiterin rufen.

Auf dem Weg zu ihm fragt sie sich beunruhigt, was wohl der Grund für seine Aufforderung gewesen sein mag, sie ins Büro zu bitten.

Doch seine einzige Frage zu den Unterlagen in der Unterschriftenmappe ist: „Wo soll ich hier unterschreiben?“

Reagieren Sie souverän:

- „Dort, wo der Unterschriftsvermerk ist.“
- „Prüfen Sie auf diese Art die Fachkompetenz Ihrer Mitarbeiter?“
- „Ich bin mir sicher, Sie wissen, wo Sie unterschreiben müssen.“

120. Vielleicht ist das „in“?

Die Bürovorsteherin der Kanzlei traut ihren Augen nicht, als sich die Tür zu ihrem Büro öffnet.

Herein tritt ihr Chef im Jogginganzug mit Aktentasche.

Abgehetzt informiert er seine Mitarbeiterin: „Um 10.00 Uhr habe ich einen Termin mit Herrn…!“

<u>Reagieren Sie souverän:</u>

- „Wir haben jetzt 9.30 Uhr. Möchten Sie Herrn… im Jogginganzug empfangen?“
- „Möchten Sie ab sofort Ihre Kanzlei in ein Fitness-Studio umfunktionieren?“
- „Haben Sie vor, auch die restlichen Termine in diesem gewöhnungsbedürftigen Outfit wahrzunehmen?“

121. Maniküre im Chefbüro

Der Chef bittet um die Unterschriftenmappe.

Der Auszubildende ist schon auf dem Weg zu ihm. Er klopft an, niemand antwortet. Er öffnet die Tür, um die Unterschriftenmappe auf den Schreibtisch des Chefs zu legen.

Was sehen seine Augen? Der Schreibtisch ist schon mit dem Hinterteil des Chefs besetzt, seine Füße stehen auf dem Chefsessel.
Das Gesicht dem Fenster zugewandt, ist dieser offensichtlich mit der Maniküre beschäftigt.

Er befiehlt dem Auszubildenden: „Legen Sie die Mappe dorthin, wo Platz ist."

Reagieren Sie souverän:

- „Es überrascht mich sehr, Sie hier „so" anzutreffen."
- „Komme ich gerade unpassend? Vielleicht sollte ich später noch einmal wiederkommen."
- „Da die Unterschriftenmappe noch einige Vorgänge enthält, die zu klären sind, sollte ich später wiederkommen, wenn Sie Zeit für mich haben."

122. Es wird immer verrückter...

Der Verkaufsleiter hat die Angewohnheit, überall hin sein Smartphone mitzunehmen.

Eines Tages hört ein junger Mitarbeiter in der Herrentoilette, wie sein Vorgesetzter in sein Smartphone spricht: „Moment mal bitte, ich muss mal eben mein Handy weglegen."

Reagieren Sie souverän:

- „Wussten Sie, dass die meisten Kolibakterien als Gefahrenpotential auf den Touchscreens der Smartphones und Tastaturen zu finden sind?“

- „Wie praktisch! Für die Notizen hängt das Papier gleich an der Wand.“

- „Ist es unbedingt notwendig, überall erreichbar zu sein?“

123. Wie macht man sich seine Untergebenen gefügig?

Der Abteilungsleiter zur Mitarbeiterin: „Denken Sie daran, dass „das“ über meinen Tisch geht, wenn neue Stellen besetzt werden.“

Reagieren Sie souverän:

- „Darf ich fragen, wie ich diese Aussage interpretieren soll?“
- „Gut, dass ich weiß, wem ich in Zukunft die Tasche tragen muss.“
- „Darum sollten wir immer gut miteinander auskommen.“

124. Gut, dass es die Rechtschreibreform gibt

Der Inhaber eines Immobilienbüros schreibt seine Korrespondenz vor.

In der Vorlage findet die neue Mitarbeiterin einige unleserliche Wörter.
Sie kann sie nicht entziffern.

So bittet sie ihren Chef um Klärung. Er meint: „Sie lernen sicher mit der Zeit, meine Schrift zu lesen. Sie müssen sich erst daran gewöhnen.“

Reagieren Sie souverän:

- „Kann es sein, dass Sie manche Wörter bewusst unleserlich schreiben?“

- „Mit Hilfe eines Diktiergerätes würden wir viel rationeller arbeiten.“

- „Wenn es das Fachwissen erlaubt, bin ich durchaus in der Lage, meine Briefe selbstständig zu formulieren.“

125. Motivation im Bankwesen

Der Abteilungsleiter einer Großbank redet ständig über eine Mitarbeiterin in der Schalterhalle.

Die Mitarbeiterinnen und Mitarbeiter lächeln verlegen, wenn er zum Besten gibt: „Wie gerne hätte ich mit Frau… ein Verhältnis.

Sie ist bestimmt „gut“ im Bett. Von der träume ich ständig.
Die „turnt“ mich so an, dass mir die Arbeit hier richtig Spaß macht.“

Die Vorstandsassistentin wird darüber informiert und stellt sich dem Abteilungsleiter entgegen.

Reagieren Sie souverän:

- „Eine bessere Motivation gibt es doch nicht für Sie.“

- „Wie wäre es, wenn Sie ihr „das“ persönlich mitteilen?“

- „Denken Sie, dass die Schalterhalle einer Bank der geeignete Ort für Ihr Platzhirschverhalten ist?“

126. Gutschein für eine ausgewählte Galerie

Die Mitarbeiter sammeln Geld für ein Geburtstagsgeschenk. Der Chef hat Geburtstag. Man entschließt sich für einen Geschenkgutschein einer ausgewählten Galerie.

Der Chef spendiert ein Geburtstagsfrühstück. Nach der Gratulation im Namen aller Mitarbeiter überreicht die Sekretärin vor allen Anwesenden den Geschenkgutschein.

Er bedankt sich mit den Worten: „Diese Galerie kenne ich. Der Besitzer ist fast genauso ein A… wie ich."

Reagieren Sie souverän:

- „Wir sind sicher, unser Geschenk ist genau das Richtige für Sie."

- „Ihren Aufenthalt in der Galerie sollten Sie richtig genießen."

- „Entfliehen Sie in der Galerie dem stressgeplagten Alltag."

127. Die rationelle Arbeitstechnik

Die Mitarbeiterin einer Firma muss täglich die Zeitungen des Senior-Chefs auf eine besondere Art auswerten, besser gesagt „recyceln".

Sie muss die Freiräume zwischen den einzelnen Artikeln, und seien sie noch so klein, ausschneiden. Mit diesen „Blättchen" werden dann die eigens vom Chef dafür bereitgestellten Schachteln aufgefüllt.

Sein Kommentar: „Diese Schachteln sollten immer genügend Notizzettel enthalten."

Reagieren Sie souverän:

- „Haben Sie sich schon einmal überlegt, was eine Stunde Notizzettel ausschneiden kostet?"
- „Hundert Blatt dieser Notizzettel kosten im Handel nicht viel."
- „Können Sie sich diesen Arbeitsaufwand leisten? Von Effektivität und Rationalität kann hier keine Rede sein."

128. Beim Lochen ist der Abstand 100%ig einzuhalten

Der kaufmännische Leiter legt am ersten Arbeitstag seiner neuen Sekretärin eine Gesprächsnotiz mit einer Zeichnung auf den Schreibtisch.

Er weist darauf hin: „Bitte halten Sie beim Lochen der Unterlagen den 100%igen Abstand ein. Siehe beigefügte Zeichnung."

Reagieren Sie souverän:

- „Heute haben die Locher eine Skala für den gewünschten Abstand. Wann haben Sie sich den letzten Locher angeschafft?"
- „Zur perfekten Schriftgutablage gehört das genaue Lochen."
- „Sie müssen sehr schlechte Erfahrungen in den letzten Jahren gemacht haben."

129. Der Zahlendreher

Es findet eine interne Besprechung mit allen Führungskräften statt, um die derzeitige Auftragslage zu erörtern.

Der Chef gibt seiner Sekretärin eine handgeschriebene Auftragsliste mit der Bitte, diese mit der EDV zu erfassen.

In der Sitzung stellt der Geschäftsführer fest, dass sich ein Fehler Zahlenverdreher eingeschlichen hat.

Der Chef ruft die Sekretärin zu sich in die Sitzung. Er „bügelt" sie vor allen Anwesenden herunter: „Frau..., Sie sind für den Fehler verantwortlich. Ich bitte Sie um die sofortige Korrektur."

Reagieren Sie souverän:

- „Ihre handgeschriebene Auftragsliste habe ich fehlerfrei mit der EDV erfasst. Kann es sein, dass sich vorher bei „Ihnen" ein Zahlenverdreher eingeschlichen hat?"

- „Ich kann Ihr Verhalten auf der einen Seite gut verstehen, auf der anderen Seite sollten Sie Ihren Fehler im Beisein aller Führungskräfte zugeben können."

- „Es macht Sie nur sympathisch, wenn Sie Fehler öffentlich eingestehen. Niemand ist unfehlbar."

130. Wenn ich eine Wolke drehe...

Der geschäftsführende Gesellschafter und der Geschäftsführer reisen im Firmenwagen zu einem wichtigen Termin.

Die Autobahn ist völlig überlastet. Der Cheffahrer gibt sein Bestes. Nach dem Stau zeigt er seine Fahrkünste, um zu dem wichtigen Termin rechtzeitig an Ort und Stelle zu sein.

Doch scheinbar fährt der Cheffahrer dem Geschäftsführer zu langsam. Er bittet den Fahrer, die Geschwindigkeit zu erhöhen mit den Worten: „Herr Müller, wir haben doch 320 PS unter der Haube. Kann das nicht ein bisschen flotter gehen?"

Reagieren Sie souverän:

- „Als Cheffahrer trage ich hier die Verantwortung."

- „Ich bin der Führer des Wagens. Wenn ich eine Wolke drehe, können wir die gesamte Geschäftsleitung auf dem Friedhof besuchen."

- „Ich fahre nicht schneller als unsere Schutzengel fliegen können."

131. Ohne Schuhe...

Während eines Geschäftsbesuches entledigt sich der japanische Chef seiner Schuhe unter dem Konferenztisch.

Das Meeting ist sehr anstrengend und verlangt seine volle Konzentration. So verabschiedet er auch seine Gäste ohne Schuhe.

Wenig später verlässt er sein Büro, fährt mit dem Aufzug nach unten, läuft durch einen überdachten Gang in ein gegenüberliegendes Gebäude und kehrt nach einer halben Stunde zurück ins Chefsekretariat.

Mit hochrotem Kopf faucht er seine Mitarbeiterin an: „Und „so“ lassen Sie mich gehen. Ohne Schuhe!“

Reagieren Sie souverän:

- „Wir sind erwachsene Menschen und wissen alle, was wir tun.“
- „So ist das ja noch vertretbar. Schlimmer wäre es, wenn Sie auch auf der Straße nur Socken tragen würden.“
- „Ich vertraue der Selbstorganisation eines „mündigen“ Chefs.“

132. Eine Gehaltssache

Eine Sekretärin stellt fest, dass sie untertariflich bezahlt wird. Sie arbeitet von 7:00 - 19:00 Uhr täglich. Daraufhin bittet sie um ein Gespräch mit dem Chef.

Ergebnis: Absage wegen schlechter wirtschaftlicher Lage. Keine Aussicht auf eine Gehaltserhöhung.

Die Sekretärin beantragt daraufhin schriftlich die Gehaltserhöhung.

Reaktion des Chefs: Er brüllt seine Sekretärin an: „Wer hat Ihnen so einen „Mist“ ins Ohr gesetzt?“ Er wirft ihr das Schreiben vor die Füße.

Reagieren Sie souverän:

- „Haben Sie schon einmal darüber nachgedacht, dass der monetäre Anreiz die wichtigste Motivation ist?“
- „Lieber Herr…, ich arbeite gerne für Sie, daher muss ich Sie fragen: Wie ist es möglich, dass andere Damen in unserem Unternehmen für eine geringere Arbeitsleistung und eine geringere Arbeitszeit eine höhere Entlohnung erhalten?“
- „In den rechtlichen Grundlagen heißt es: Für ein durchschnittliches Gehalt wird auch nur durchschnittlich gearbeitet."

133. Die Schönheit hat ihren Preis

Am ersten Arbeitstag in einer bekannten Kosmetikschule erhält die Sekretärin diese Aufträge und Anweisungen:

- Das Toilettenpapier zu erneuern.
- Glühbirnen auszuwechseln.
- Die Schrauben der Stühle im Klassenzimmer auf ihre Festigkeit hin zu kontrollieren.
- Den Beamer zu kontrollieren und reinigen.
- Nicht mit den Lehrkräften sprechen.
- Da der Empfang die Visitenkarte des Hauses ist, muss der Fußboden ständig kontrolliert und bei Bedarf mit Putzwasser gereinigt werden.
- Wasser kochen für Kaffee oder Tee ist verboten.
- Der Kühlschrank im 3. Stock darf nur von Lehrkräften benutzt werden.
- Verboten: Private Telefonate und private Emails, das Benutzen des Faxgerätes und das Entnehmen von Briefmarken für die Privatpost.

-- Ohne Worte –

134. Frauen, die von Technik keine Ahnung haben…

Die Assistentin eines Prokuristen berichtet:

„Ein von unserem Prokuristen defekt geglaubtes Diktiergerät wird mir von ihm übergeben. Ich denke, dass es vielleicht nur die Batterien sind. Deshalb gehe zum Verkaufsleiter, der immer aufgeladene Batterien an seinem Platz aufbewahrt. Er wird mir sicher sofort helfen, denke ich.

Unser Verkaufsleiter sitzt zusammen mit acht weiteren Mitarbeitern in einem Großraumbüro.

Als ich ihn um zwei Batterien bitte, da ich das Diktiergerät meines Chefs prüfen möchte, nimmt er mir dieses sofort aus der Hand.

Er wechselt die Batterien aus und spricht probeweise diesen Text auf das Band: „Leute, speziell Frauen, die von der Technik keine Ahnung haben, sollten nicht meinen, sie hätten welche und sich als Besserwisserinnen aufspielen. Wie Sie sehen, funktioniert das Gerät doch hervorragend. Stopp – Textende."

Reagieren Sie souverän:

- „Ich kenne Damen, die ihren Kfz-Meister gemacht haben und sehr erfolgreich in dieser Position arbeiten."
- „Kann es sein, dass Sie ein Problem mit mir haben?"
- „Hier ist „Platzhirschdenken" nicht angebracht."

135. Montagmorgen im Büro

Der Verkaufsleiter kommt morgens ins Büro. Die Sekretärin sitzt schon konzentriert am Schreibtisch. Sie scheint nicht besonders gut gelaunt zu sein.

Der Verkaufsleiter legt seinen Mantel ab, schaut sie an und fragt: „Na, gestern keinen guten Sex gehabt?"

Reagieren Sie souverän:

- „Ich denke, unser Arbeitsverhältnis lässt es nicht zu, dass dieses Thema im Vordergrund stehen sollte."
- „Eine gute Tasse Kaffee wäre jetzt angebracht."
- „Sollten wir nicht besser über unseren Terminplan diskutieren? Es gibt viel zu tun – packen wir es an."

136. Die Berichterstattung

Ein Abteilungsleiter wird nach seinem vierwöchigen Aufenthalt in Ostdeutschland von seinem Vorgesetzten in dessen Büro gerufen.

Der Abteilungsleiter teilt seinem Chef die Ergebnisse der Geschäftsverhandlungen mit. Währenddessen konzentriert dieser sich einzig und allein auf seine vor ihm liegenden Unterlagen.

Der Abteilungsleiter unterbricht seine Ausführungen. Der Chef bemerkt dies und kommentiert die Unterbrechung beim Durchblättern seiner Unterlagen wie folgt: „Sprechen Sie ruhig weiter, ich kann Ihren Worten sehr gut folgen.“

Reagieren Sie souverän:

- „Ist es Ihnen möglich, mir ungeteilt zuzuhören?“

- „Ich bin doch mit Ihnen zu einem Dialog verabredet und nicht zu einem Monolog.“

- „Besteht ein konkreter Anlass für „Ihr“ respektloses Verhalten mir gegenüber?“

137. Die nackten Tatsachen

Der Chef eines Immobilienbüros verwöhnt seine weiblichen Mitarbeiter auf eine ganz besondere Art:

Sie erhalten Eintrittskarten für eine Männer-Striptease-Gruppe mit den Worten: „Sie müssen mal endlich das „wirkliche Leben" kennen lernen. Die nackten Tatsachen."

Reagieren Sie souverän:

- „Ich kenne das „wirkliche Leben". Vielen Dank für die Eintrittskarte. Sie können sie gerne an einen Interessenten weitergeben."
- „Ich lasse mich gerne auf eine andere Art und Weise verwöhnen."
- „Wissen Sie wirklich, was Frauen wollen?"

138. Betriebsausflug ins Etablissement

Zu vorgerückter Stunde wird es immer schlüpfriger auf dem Betriebsfest.

Plötzlich kommt der Chef auf die Idee, die noch „übrig gebliebenen" Damen und Herren in ein schummriges Etablissement einzuladen.

Seinen Mitarbeitern teilt er mit: „Ich möchte die „Herrschaften" gerne in meine Lebensgewohnheiten einführen. Natürlich auf Kosten des Hauses."

<u>Reagieren Sie souverän:</u>

- „Es ist lieb gemeint von Ihnen. Aber man sollte den Abend beenden, wenn er am schönsten ist."

- „Jedem „das Seine". Ich möchte mich jetzt verabschieden."

- „Ich kann Ihre Leidenschaft nicht teilen. Vielen Dank für den schönen Abend."

139. Top Secret

Bei der Wahrnehmung einer Einladung zum Mittagessen werden die beiden Sekretärinnen von der Geschäftsleitung in deren Lovestorys eingeweiht. Diskretion ist ab sofort oberstes Gebot.

Die Sekretärinnen haben dafür zu sorgen, dass der eheliche Schein gewahrt bleibt.

Außerdem haben die Mitarbeiterinnen, außer ihren Sekretariatsaufgaben noch eine weitere Aufgabe:

Die Mutter eines der Chefs zu beruhigen, wenn sie am Telefon ihren Sohn verlangt und dieser außer Haus ist. (Bei seiner Geliebten)

Reagieren Sie souverän:

- „Sind Sie sicher, dass Ihre Affären nicht irgendwann auffliegen und „Sie“ dann dafür die Verantwortung übernehmen müssen?“
- „Ihre Privatsphäre sollten Sie wahren. Mir wäre es lieber gewesen, Sie hätten mich nicht eingeweiht.“
- „Soweit ich das vertreten kann, werde ich im Rahmen des Arbeitsverhältnisses die Diskretion wahren. Aber lügen werde ich nicht um jeden Preis.“

140. Ich bezahle Sie nicht für das Nichtstun

Die Sekretärin nutzt schnell fünf Minuten, um sich die Hände zu waschen, die Haare zu kämmen, die Lippen zu schminken, um ihr Erscheinungsbild ein wenig „aufzupolieren". Den ganzen Tag hat sie dafür keine Zeit gehabt.

Sie kommt zurück und hört ihre Telefonanlage läuten.
Der Chef steht neben der Anlage, nimmt aber nicht den Hörer ab.

Bevor sie den Hörer abnehmen kann, faucht der Chef seine Sekretärin an: „Warum ist die Telefonanlage hier nicht besetzt? Ich bezahle Sie nicht für das Nichtstun."

Reagieren Sie souverän:

- „Gönnen Sie mir doch einmal am Tag „fünf" Minuten."
- „Ist Ihr momentanes Verhalten nicht sehr unsozial?"
- „Schlagen Sie mir doch bitte eine Lösung vor. Wie soll ich mich verhalten, wenn ich die Sanitäranlagen aufsuchen möchte?"

141. Das erste Modehaus am Platze

Was halten Sie von einem Chef, der in Gegenwart seiner Kunden seine Angestellten niedermacht, obwohl er bekannter Weise von der Materie nichts versteht?

Was halten Sie von einem Chef, der mit einem Anzug im Modehaus erscheint als wäre es sein Kommunionsanzug? Entweder ist der Anzug zu klein für sein Gewicht oder das Gewicht ist zu groß für seinen Anzug.

Was halten Sie von einem Chef, der, wenn im Schaufenster eine Stecknadel liegt, wie ein ungezogenes Kind mit den Füßen „aufstampft" und schreit: „Wer hat diese Nadel in das Schaufenster gelegt?"

Was halten Sie von einem Chef, der, wenn er von „draußen" auf der Balustrade eine Hose liegen sieht, diese brüllend herunter nimmt mit den Worten: „Welches Rindvieh hat diese Hose dort vergessen?"

Reagieren Sie souverän:

- „Wir sind ein sehr bekanntes Modehaus. Unser Image bedeutet: gepflegtes Äußeres und gute Umgangsformen."
- „Unser Modehaus kann nur funktionieren, wenn sich hier alle Aggregate gegenseitig „positiv" beeinflussen."
- „Unsere Mitarbeiter sind keine unmündigen, unwilligen und unfähigen Gehaltsempfänger, die mit Druck und Drohungen motiviert werden müssen, sondern Partner, auf deren Intelligenz und Kreativität wir angewiesen sind."

142. Er rüttelt sie…

Im Unternehmen wird die Gleitzeit eingeführt.
Zwischen 07.00 und 09.00 Uhr ist Arbeitsbeginn.

Der Chef vergisst am Abend vorher seiner Mitarbeiterin mitzuteilen, dass er sie am nächsten Tag um Punkt 07.00 Uhr dringend benötigt.

Sie erscheint um 08.00 Uhr.

Der Chef kommt ihr tobend entgegen, packt sie fest an beiden Armen, rüttelt sie und schreit: „Was fällt Ihnen ein, erst um 08.00 Uhr hier zu erscheinen?“

Reagieren Sie souverän:

- „Für Ihr Verhalten verlange ich eine sofortige Entschuldigung!“
- „Sie haben vergessen, mir mitzuteilen, dass Sie mich um 07.00 Uhr dringend benötigen.“
- „Können Sie dieses Führungsverhalten verantworten?“

143. Ich hatte einmal eine Sekretärin…

Der Chef verlangt eines Tages von seiner Sekretärin einige Unterlagen, die sie nie gesehen hat.

Er hatte diese Unterlagen, ohne seine Sekretärin vorher zu informieren, an eine andere Abteilung weitergegeben und wusste es nicht mehr.

Nachdem die Sekretärin ihm nicht sofort helfen kann, ertönt aus dem Chefbüro seine Stimme: „Ich hatte mal eine Sekretärin, die wusste immer, wo alles war."

Reagieren Sie souverän:

- „Das wusste ich früher auch immer, als noch alle Unterlagen über „meinen" Schreibtisch gingen."
- „Wenn Sie mir Informationen vorenthalten, müssen Sie damit rechnen, dass organisatorische Fehler passieren."
- „Kann es sein, dass hier der Informationsfluss nicht gewährleistet ist?"

144. Auf dem Weg zur Messe…

Die Belegschaft einer Firma fährt mit einem Sonderzug zur Messe nach Frankfurt.

Fünf Damen des Hauses müssen im Zug die Anwesenheit aller Mitarbeiter kontrollieren und die Fahrpreise kassieren.

Ein Abteil wurde für diese Mitarbeiterinnen reserviert. Nach getaner Arbeit belegen die Damen die Plätze im reservierten Abteil.

Nach einer halben Stunde kommt der Chef und schickt zwei der Damen nach draußen mit den Worten: „Ich möchte mich jetzt hier hinsetzen und meine Füße hochlegen bis zum Ende der Fahrt.“

-- Ohne Worte --

145. Antreten zur Aussprache

Auf einer Betriebsfeier:

Zu vorgerückter Stunde setzt sich der Hauptgeschäftsführer an den Tisch seines Mitarbeiterstabes. Leicht alkoholisiert spricht er: „Heute Abend sind wir alle per „Du". Ich bin Karl."

Wenig später werden Probleme gewälzt. Jeder in der Runde sagt seine Meinung.

Was glauben Sie, was am nächsten Tag passiert?

Jeder Mitarbeiter von der vorabendlichen Gesprächsrunde wird von der Sekretärin zum Chef bestellt. Alle müssen einzeln antreten zur Aussprache.

Die Sekretärin ist schockiert.

Reagieren Sie souverän:

- „Ihr Führungsverhalten wirkt auf alle Mitarbeiter unglaubwürdig."
- „Sind Sie sicher, dass bei künftigen Betriebsfeiern unsere Mitarbeiter an einer Teilnahme interessiert sind?"
- „Weitere Betriebsfeiern werden für Sie garantiert nicht mehr kostspielig. Die Mitarbeiter werden sich beim nächsten Mal genau überlegen, ob sie dem Alkoholkonsum zusagen."

146. Chauffieren ist eine Kunst

Der Chef schläft gerne im Firmenwagen. Den Beifahrersitz benutzt er als Liegesitz.

Kurz nach dem Start hört der Cheffahrer wie immer die gleichen Worte des Chefs: „Bitte fahren Sie so, dass ich nicht aufwache."

Reagieren Sie souverän:

- „Der ADAC warnt: Falsches Sitzverhalten führt zwangsläufig zu körperlichen Schäden bei Unfällen."

- „Der Beifahrersitz ist nicht zum Schlafen konstruiert worden. Ihre Liegestuhlposition kann starke Nackenverspannungen auslösen."

- „Wenn Sie auf dem Beifahrersitz liegen und ein Unfall passiert, sind Sie nicht ausreichend geschützt. Das kann ich nicht verantworten."

147. Ich, ich, ich…

Die Sekretärin hat auf Anweisung ihres Chefs ein kompliziertes, zwei Seiten langes englischsprachiges Angebot verfasst.

Zwei Tage später bittet der Chef seine Sekretärin: „Geben Sie mir doch bitte eine Kopie meines Angebotes, welches „ich“ für die Amerikaner ausgearbeitet habe.“

Reagieren Sie souverän:

- „Soll ich Ihrer Aussage entnehmen, dass Sie mit meiner Arbeitsleitung „so“ zufrieden sind, dass Sie mit Ihrem eigenem „ICH“ dahinterstehen?“

- „Es ist für mich das größte Kompliment, dass Sie mein ausgearbeitetes Angebot als Ihr „Eigenes“ annehmen.“

- „Haben Sie schon einmal darüber nachgedacht, dass „Lob und Tadel“ die Grundpfeiler im Umgang mit Menschen sind?“

148. Post its

Eines Morgens findet die Mitarbeiterin verschiedene Post its auf ihrem Schreibtisch.

Auf dem ersten steht: „Das Schreiben sollte per 31. dieses Monats raus. Und Sie sind es auch!“

Hintergrund:
Ihr Chef hatte schon am Abend vorher das Haus um 17.00 Uhr verlassen. Die Anlagen, die dem Schreiben beigefügt werden sollten, konnte die Mitarbeiterin nicht finden. Ihr Chef hatte die Unterlagen (Prospektmaterial) nicht an den Platz gelegt, den sie mit ihm vereinbart hatte. Daher musste sie das Schreiben liegen lassen.

Auf dem zweiten Zettel steht: „Arbeitsunfähigkeit ist nicht unser Wille. Ich sehe schon Frau…, mit Ihnen kann man nicht mehr reden. Sie haben Ihre Rollos ja schon heruntergelassen.“

Reagieren Sie souverän:

- „Wenn Sie das Prospektmaterial an den vereinbarten Ort gelegt hätten, wäre dieser Konflikt gar nicht erst entstanden.“
- „Denken Sie, dass diese Art der Konfliktbewältigung konstruktiv ist?“
- „Sie haben mich durch die Art Ihrer Kritik, „dem Wie“, sehr verletzt.“

149. Die Schnipseljagd

Mehrmals im Monat macht sich der Prokurist einen Spaß daraus, Papierschnipsel in verschiedenen Büros zu verstecken.

Ebenso legt er Büroklammern auf die Fußleisten, um zu kontrollieren, ob die Reinigungsfrauen auch „richtig“ sauber machen.

Morgens wundern sich die Mitarbeiter, was der Prokurist in ihren Büros sucht.

Wenn er fündig geworden ist, freut er sich diebisch und kommentiert das Ganze: „Wenn das Putzfrauengeschwader eintrifft, werde ich sie niedermachen.“

Reagieren Sie souverän:

- „Wäre es nicht besser, mit der Spurensuche einen weniger qualifizierten Mitarbeiter zu beauftragen?“

- „Kann es sein, dass Sie lieber Detektiv geworden wären?“

- „Bauen Sie auf diese Art und Weise Ihren Stress ab?“

150. Der Eingabefehler

Die Mitarbeiterin erhält am ersten Arbeitstag nach dem Urlaub einen Anruf vom Leiter der Buchhaltung.

Der Grund:
Bei mehr als hundert Bankverbindungen waren für Lastschriftverfahren falsche Bankleitzahlen eingegeben worden.
Entsprechend erhält die Firma diese als Rücklastschriften zurück.

Der Leiter der Buchhaltung brüllt wie ein Stier in der Arena die Mitarbeiterin an. Er lässt ihr absolut keine Chance, sich rechtfertigen zu können.

Wenig später stellt sich heraus, dass der Eingabefehler während ihres Urlaubs passiert ist.

Reagieren Sie souverän:

- „Als Führungskraft sollten Sie die Courage besitzen, sich bei mir zu entschuldigen."

- „Wenn Sie die Kraft besitzen, mich in dieser Form zu kritisieren, sollten Sie auch den Mut haben, sich für Ihren Fehltritt zu entschuldigen."

- „Bevor Sie Ihre Stimmbänder strapazieren, sollten Sie fairer Weise die Sachlage exakt prüfen."

151. Der 40. Geburtstag

Der Chef zu seiner Sekretärin: „Alles Gute zu Ihrem 40. Geburtstag!“

Sie bedankt sich und meint: „Jetzt kommen dann irgendwann die Wehwehchen.“

Er entgegnet: „Nicht so schlimm. Schlimm wird es erst, wenn Sie morgens aufwachen und nichts mehr spüren.“

Sie fragt: „Warum?“

Seine Antwort prompt: „Dann sind Sie nämlich tot.“

Reagieren Sie souverän:

- „Ihre Gratulation in Ehren. Aber mit Ihrer Wortwahl haben Sie glatt ins „Schwarze“ getroffen.“
- „Für diese Aussage erhalten Sie von mir „100“ Punkte.“
- „Sie sollten sich das Buch kaufen: „Heute ist mein bester Tag“.“

152. Die interne Chefkommunikation

Der Chef sagt zu seiner Sekretärin: „Wo sind die Unterlagen von der Bank?“

Sie antwortet: „Genau diese liegen doch auf Ihrem Schreibtisch.“

Er entgegnet: „Was, das kann nicht sein. Suchen Sie gefälligst. Das kann man ja wohl noch von Ihnen erwarten.“

Nach intensiver Suche sagt sie: „Leider habe ich die Unterlagen nicht gefunden.“

Erbost schreit er durch die Abteilung: „Was, sind Sie zu blöd zum Suchen oder haben Sie vielleicht Ihr Hirn woanders?“

Er geht in sein Büro und was findet er auf dem Schreibtisch? Seine Unterlagen!

Reagieren Sie souverän:

- „Haben Sie schon einmal etwas über die „konstruktive Kritik“ gehört?“

- „Erst gucken, dann mucken.“

- „Ein gesprochenes Wort kann man nicht mehr zurücknehmen.“

153. Wird nur hinter verschlossenen Türen gearbeitet?

Der Chef zu seiner Sekretärin:

„Wenn heute die ausländische Delegation kommt, wünsche ich, dass alle Türen der Büros geschlossen bleiben. Schließlich wird in unseren Büros gearbeitet."

Reagieren Sie souverän:

- „Denken Sie nicht, dass die Damen und Herren sehen dürfen, wie hier gearbeitet wird?"
- „Im Sinne von Corporate Identity sind unsere Büros durchaus ein Vorzeigeobjekt."
- „Geschlossene Türen erwecken den Eindruck, dass unser Unternehmen etwas zu verbergen hat."

154. Der PC als Imagepflege

Der Geschäftsführer eines mittelständischen Unternehmens besitzt den neusten Computer.

Er will sich mit dem Thema „des Erlernens“ nicht auseinander setzen. Deshalb steht der Rechner neben ihm nur als repräsentatives Ausstellungsstück und dient zur Imagepflege.

Bevor angemeldete Geschäftspartner erscheinen, erhält seine Assistentin jedes Mal den Auftrag: „Bitte starten Sie das Programm.“

Reagieren Sie souverän:

- „Wäre es nicht angenehmer für Sie, Ihre Gäste im Tagungszimmer zu empfangen?“

- „Haben Sie schon einmal darüber nachgedacht, dass Ihre Mitarbeiter hinter Ihrem Rücken lachen, wenn sie das Anschlusskabel baumeln sehen?“

- „Ich bin sicher, dass Ihre Kinder stolz auf Sie wären, wenn Sie sich mit dem Thema „PC“ auseinandersetzen würden.“

155. Der seelische Mülleimer

Der 49-jährige Unternehmer wird von seiner Frau verlassen. Der neue Liebhaber seiner Frau ist einer seiner Mitarbeiter.

Die 23-jährige Sekretärin erzählt: „Ich bin sein seelischer Mülleimer."

Am Abend ruft sie eine Kollegin an und bittet um Rat: „Was soll ich machen? Vor ein paar Tagen hat mein Chef mir das „Du" angeboten. Ich habe es freundlich, aber bestimmt abgelehnt. Gestern weinte er erbärmlich. Ich hatte Mitleid mit ihm und beruhigte ihn bei einer Tasse Kaffee. Anschließend lud er mich ein zum Abendessen in ein Restaurant. Ich lehnte seine Einladung dankend ab. Dabei fühlte ich mich unbehaglich.

Am nächsten Morgen geschah dieses: In der Unterschriftenmappe fand er in einem Brief einen Tippfehler. Er schrie und tobte: „Sind Sie der deutschen Sprache nicht mächtig?"

Reagieren Sie souverän:

- „Ich bin 23 Jahre und kann daher mit dieser Situation nicht umgehen."
- „Auch in schwierigen Lebenssituationen sollte man nicht die Kontrolle über sich verlieren."
- „Ist das Ihre Art zu reagieren, weil ich Ihre Einladung zum Abendessen nicht angenommen habe?"

156. Seine Scheinheiligkeit

Die Mitarbeiterin arbeitet als Sekretärin des Verwaltungschefs im kirchlichen Management: Sie arbeitet schon seit 20 Jahren für ihn und er geht in nächster Zeit in seinen wohlverdienten Ruhestand.

Sie erscheint freudestrahlend beim Personalleiter und legt diesem ihr Zertifikat als frisch gebackene Management-Assistentin vor.

Ein Jahr hat sie für ihr Zertifikat hart gearbeitet.

Sein einziger Kommentar: „Sie sind für das Vorzimmer überqualifiziert. Da eine Umstrukturierung geplant ist, kann der neue Verwaltungschef Sie nicht gebrauchen."

Reagieren Sie souverän:

- „Was stellt Herr... sich unter dem Berufsbild seiner neuen Mitarbeiterin vor?“

- „Möchten Sie mit dieser scheinheiligen Aussage meine Kompetenz untergraben?“

- „Kann es sein, dass Sie und der neue Verwaltungschef keine ausreichenden Informationen besitzen über Schlüsselqualifikationen einer Assistenz?“

157. Vertrauen ist gut – Kontrolle ist besser

Der Produktmanager hat mit seinem Vorgesetzten sein jährliches Personalgespräch, vierzehn Tage, bevor er seinen dreiwöchigen Jahresurlaub antritt.

Das Gespräch verläuft für beide Seiten äußerst „positiv und zufrieden- stellend".

An seinem letzten Arbeitstag, kurz vor der Abreise zum Flughafen, wird der Produktmanager durch Lieferprobleme noch in Stress versetzt. Der Abflugtermin sitzt ihm im Nacken, und er muss möglichst schnell die Probleme lösen.

Unter Hochdruck telefoniert er und verfasst die dazugehörige Korrespondenz. Er möchte vor seinem Urlaub alles erledigt und geregelt wissen.

Sein Vorgesetzter bemerkt dies und taucht plötzlich und unerwartet mit der mehrseitigen Personalbeurteilung auf. Er bittet den Produktmanager, der unter Hochdruck steht: „Bitte unterschreiben Sie auf der Rückseite, dann ist das auch noch erledigt. Anschließend können Sie Ihren wohlverdienten Urlaub antreten."

Diese Stresssituation gewährt ihm keine Zeit, seine schriftliche Beurteilung in Ruhe und mit Sorgfalt zu lesen. Er unterschreibt im Vertrauen auf seinen Vorgesetzten.

Fünf Stunden später sitzt er im Flugzeug auf dem Weg zu seinem wohlverdienten Urlaub.

Wenige Tage nach seiner Rückkehr, gut ausgeruht und stressfrei, holt er den Personalbeurteilungsbogen aus der Schublade, um das schriftlich verfasste, positive Gesprächsergebnis in Ruhe zu lesen.

Nach dem Durcharbeiten der ersten Seite des Beurteilungsbogens verändert sich plötzlich seine Gesichtsfarbe. Er wird kreidebleich. Seine Hände zittern als er die vernichtende Beurteilung seines Vorgesetzten liest, versehen mit seiner „eigenen" Unterschrift.

-- Ohne Worte –

158. Die Vorbildfunktion eines Vorstandsvorsitzenden?

Gebannt hören die Chefsekretärinnen aus Unternehmen zu, wenn eine Vorstandssekretärin über ihren Chef berichtet:

- „Er legt seine Beine auf den Schreibtisch und nimmt sie nur dann herunter, wenn Führungskräfte sein Büro betreten. Für mich als seine Mitarbeiterin ein täglicher Anblick.“

- „Er diktiert Briefe und nimmt gleichzeitig sein Frühstück zu sich. Dabei „schlürft“ er genüsslich seinen Kaffee. Für mich ist die Wiedergabe des Phonodiktates immer besonders appetitanregend.“

- „Zu seiner schwer arbeitenden und gestressten, aber immer freundlichen Assistentin, die seit über 25 Jahren für ihn arbeitet, meinte er einmal zynisch, als sie gerade aus dem Fenster schaute: „Frau Huber, Sie müssen auch bald Vergnügungssteuer zahlen.““

- „Als die Sekretärin 50 Jahre wurde, befand er sich auf einer Geschäftsreise in Zürich. Sein Mitarbeiterstab musste ihn telefonisch darauf aufmerksam machen, dass er doch bitte am gleichen Tag seiner Sekretärin zum „Ehrentag“ gratulieren möchte.“

- „Als die Sekretärin nach 26 Jahren treuer Dienste an Krebs starb und der Termin für das Begräbnis feststand, gab er vor, auf eine wichtige Konzernsitzung zu müssen. Erst auf Drängen seiner engsten Mitarbeiter war er zu einer Teilnahme an der Beerdigung zu bewegen.“

-- Ohne Worte --

159. „Joa mei“

In einem Büro in Oberbayern geht ein wichtiges Schriftstück ein, wird mit dem Verteiler weitergeleitet und erreicht den Sachbearbeiter mit erheblicher Verspätung.

Dieser lässt es zurückgehen mit der Frage: „Warum so lange?“

Daraufhin kommt das Schriftstück zurück mit dem Vermerk: „Joa mei!“

Der Sachbearbeiter ist schockiert.

Reagieren Sie souverän:

- „Schlafen Sie weiter! Noch werden Sie im Schlaf befördert.“
- „Können Sie mir bitte Ihren „Vermerk“ interpretieren?“
- „Nur nicht „hudeln“, sagt der Bayer.“

160. Vorzugszulage

Der Chef bezeichnet das Sekretariat als „VZ“ (Vorzimmer). Diese abfällige Verwendung der Abkürzung benutzt er auch in der Gesprächsführung.

Eines Tages findet die neu eingestellte Sekretärin, Andrea Müller, auf ihrem Schreibtisch ein Schreiben mit dem Vermerk „VZ“.

Mit dieser Abkürzung kann sie nichts anfangen und findet im Duden unter VZ = Vorzugszulage. Sie markiert diesen Begriff und legt ihrem Chef die betreffende Seite vor.

Dieser bemerkt: „Ist Ihnen diese Abkürzung von Ihrem letzten Arbeitsplatz her nicht geläufig?“

Reagieren Sie souverän:

- „Benutzen Sie für Ihre Informationsweitergabe in Zukunft auch für meinen Namen das Kürzel A. M.?“

- „Ich bezeichne das Vorzimmer im heutigen Management als „Sekretariat“.“

- „Deutschland braucht zeitgemäße Chefs für das überlebensfähige Management.“

161. Die Vorweihnachtszeit

Vor dem Chef auf dem Schreibtisch steht ein Adventsgesteck mit großen Kerzen.

Er zündet einen Docht an, aber dieser will nicht brennen.

Ungeduldig ruft er nach seiner Mitarbeiterin: „Kommen Sie mal, Frau…, „Dat Dingens“ will nicht brennen. „prokeln“ Sie mal den Docht aus dem Wachs.“

Reagieren Sie souverän:

- „Bis heute war ich der Meinung, die Adventszeit sei eine „stille Zeit“. Warum sind Sie so ungeduldig?“
- „“Dat Dingens“ kann warten! Die Terminplanung hat Vorrang!“
- „Gott sei Dank bereiten Ihnen nur diese kleinen Dinge Probleme. Was würden Sie bloß machen, wenn...?“

162. Überdimensionale Körpergeräusche

Der Chef zu seiner Sekretärin: „Es sind schon wieder drei Fehler in diesem Brief."

Sie erwidert: „Sie müssen auch so diktieren, dass man Sie verstehen kann. Ihre überdimensionalen Körpergeräusche habe ich ständig in meinem Kopfhörer."

Dazu sein Kommentar: „Raus, du blöde Kuh! Und im Übrigen, das habe ich nie gesagt."

Reagieren Sie souverän:

- „Ich erwarte von Ihnen umgehend eine Entschuldigung."
- „Nur wer sich selbst respektiert, kann auch seine Mitmenschen respektieren."
- „Ihre Macht sollte auf Kompetenz und Persönlichkeit basieren."

163. Die morgendliche Begrüßung des Chefs

Meistens begrüßt der Chef seine Mitarbeiter so: „Guten Morgen meine Kasperlköpfe. Wieviel Geld werdet ihr mich heute wieder kosten? Verkauft mehr Schuhe! Ich will wieder zum Golf spielen nach Florida fliegen.“

Reagieren Sie souverän:

- „Kann es sein, dass Sie keinerlei Interesse zeigen an einer aktiven Mitgestaltung des Betriebsgeschehens?“
- „Sie behandeln uns wie unfähige und unmündige Mitarbeiter.“
- „Ihr eindimensionaler Führungsstil bezieht sich ausschließlich auf „Ihr“ Wohlbefinden außerhalb des Betriebes.“

164. Im Schuhgroßhandel

Die Seniorchefin eines Partnerbetriebes holt eine Großbestellung ab.

Die Dame teilt dem Verkaufsleiter mit, dass die Ware wie immer innerhalb einer Woche bezahlt wird.

Der Verkaufsleiter fragt: „Möchten Sie die Ware nicht jetzt schon bar bezahlen? Wer weiß, ob Sie in einer Woche noch leben."

Reagieren Sie souverän:

- „Wenn Ihnen meine Zahlungsart nicht gefällt, kaufe ich die nächsten 20 Jahre meine Schuhe in einem anderen Großhandel."

- „Nein, ich zahle nicht mit Bargeld! Ich bin sicher, dass es Ihnen nichts ausmacht, wenn künftig ein anderer Schuhgroßhandel meine Überweisungen erhält."

- „Bis heute haben Sie noch nicht begriffen, dass der Kunde „König" ist."

165. Die Diagnose des Chefs

Der Chef erkundigt sich nach dem Befinden seiner Mitarbeiterin: „Wie geht es Ihnen heute?“

Sie antwortet: „Ich fühle mich heute nicht so gut.“

Er erwidert: „Möglicherweise haben Sie „nur“ Ihre Tage.“

Reagieren Sie souverän:

- „Wie ich höre, ist Ihr Verständnis für die Damenwelt sehr ausgeprägt.“
- „Ihre Fürsorge in Ehren, aber meine Intimsphäre möchte ich gewahrt wissen.“
- „Sie diagnostizieren einfach. Liegt es vielleicht an Ihren vier heranwachsenden Töchtern?“

166. Körperteile auf Polnisch

Der Personalchef fragt im Vorstellungsgespräch die Bewerberin: „Was ist Ihr Heimatland?“ „Woher kommen Sie?“

Sie antwortet: „Polen!“

Er fragt weiter: „Können Sie mir Ihre „entzückenden“ Körperteile auch auf Polnisch sagen?“

Reagieren Sie souverän:

- „Denken Sie, dass dieses Thema für das Unternehmen relevant ist?“

- „Wenn Sie möchten, übersetze ich Ihnen gerne einen Geschäftsbrief in die polnische Sprache.“

- „Ist Ihre Frage der Bestandteil eines stark strukturierten Auswahlgespräches?“

Fazit der 166 Fälle:

Die Verhaltensweisen der einzelnen Führungskräfte entstehen durch eine Angst: die vor Machtverlust.